Rafiq Ahmad Dar

Novos relatórios de doenças fúngicas da Índia

Rafiq Ahmad Dar

Novos relatórios de doenças fúngicas da Índia

ScienciaScripts

Imprint
Any brand names and product names mentioned in this book are subject to trademark, brand or patent protection and are trademarks or registered trademarks of their respective holders. The use of brand names, product names, common names, trade names, product descriptions etc. even without a particular marking in this work is in no way to be construed to mean that such names may be regarded as unrestricted in respect of trademark and brand protection legislation and could thus be used by anyone.

Cover image: www.ingimage.com

This book is a translation from the original published under ISBN 978-613-3-99159-0.

Publisher:
Sciencia Scripts
is a trademark of
Dodo Books Indian Ocean Ltd. and OmniScriptum S.R.L publishing group

120 High Road, East Finchley, London, N2 9ED, United Kingdom
Str. Armeneasca 28/1, office 1, Chisinau MD-2012, Republic of Moldova, Europe
Printed at: see last page
ISBN: 978-620-8-07472-2

Conteúdo

Prefácio

A palavra fungo vem da palavra latina para cogumelos. De facto, o conhecido cogumelo é uma estrutura reprodutiva utilizada por muitos tipos de fungos. No entanto, existem também muitas espécies de fungos que não produzem cogumelos. Sendo eucariotas, uma célula típica de fungo contém um núcleo verdadeiro e muitos organelos ligados à membrana. O reino Fungi inclui uma enorme variedade de organismos vivos coletivamente designados por Eucomycota, ou fungos verdadeiros. Embora os cientistas tenham identificado cerca de 100.000 espécies de fungos, isto é apenas uma fração dos 1,5 milhões de espécies de fungos provavelmente presentes na Terra. Os cogumelos comestíveis, as leveduras, o bolor negro e o produtor do antibiótico penicilina, Penicillium notatum, são todos membros do reino Fungi, que pertence ao domínio Eukarya. Os fungos, outrora considerados organismos semelhantes a plantas, estão mais intimamente relacionados com os animais do que com as plantas. Os fungos não são capazes de realizar fotossíntese: são heterotróficos porque utilizam compostos orgânicos complexos como fontes de energia e carbono. Alguns organismos fúngicos multiplicam-se apenas assexuadamente, enquanto outros se reproduzem assexuadamente e sexualmente, com alternância de gerações. A maioria dos fungos produz um grande número de esporos, que são células haplóides que podem sofrer mitose para formar indivíduos multicelulares e haplóides. Tal como as bactérias, os fungos desempenham um papel essencial nos ecossistemas, uma vez que são decompositores e participam no ciclo dos nutrientes, decompondo os materiais orgânicos em moléculas simples.

Os fungos interagem frequentemente com outros organismos, formando associações benéficas ou mutualistas. Por exemplo, a maioria das plantas terrestres formam relações simbióticas com fungos. As raízes da planta ligam-se às partes subterrâneas do fungo, formando micorrizas. Através das micorrizas, o fungo e a planta trocam nutrientes e água, contribuindo grandemente para a sobrevivência de ambas as espécies. Em alternativa, os líquenes são uma associação entre um fungo e o seu parceiro fotossintético (normalmente uma alga). Os fungos também causam infecções graves em plantas e animais. Por exemplo, a doença do ulmeiro holandês, causada pelo fungo Ophiostoma ulmi, é um tipo de infestação fúngica particularmente devastador que destrói muitas espécies nativas de ulmeiro (Ulmus sp.) ao infetar o sistema vascular da árvore. O escaravelho da casca do ulmeiro actua como um vetor, transmitindo a doença de árvore para árvore. Introduzido acidentalmente na década de 1900, o fungo dizimou os ulmeiros em todo o continente. Muitos olmos europeus e asiáticos são menos susceptíveis à doença do olmo holandês do que os olmos americanos.

Nos seres humanos, as infecções fúngicas são geralmente consideradas difíceis de tratar. Ao contrário das bactérias, os fungos não respondem à terapia antibiótica tradicional, uma vez que são eucariotas. As infecções fúngicas podem ser mortais para indivíduos com sistemas imunitários comprometidos.

Os fungos têm muitas aplicações comerciais. A indústria alimentar utiliza leveduras na panificação, fabrico de cerveja, queijo e vinho. Muitos compostos industriais são subprodutos da fermentação fúngica. Os fungos são a fonte de muitas enzimas e antibióticos comerciais.

Sirosporium celtidis_KY656465

No outono de 2013, foi observada uma doença foliar na árvore ornamental resistente à poluição, *Celtis australis*, plantada em diferentes locais em Jammu e Caxemira. Os sintomas apareceram na parte inferior das superfícies foliares como manchas irregulares aveludadas avermelhadas a castanho-escuras, tornando-se mais tarde castanho-acinzentadas na superfície superior (**Figura 4.9**). Manchas foliares castanhas nas superfícies inferiores das folhas cobertas por micélio, conidióforos e conídios. Isolados de fungos recuperados diretamente das estruturas presentes nas lesões. Os atributos micotaxonómicos, tais como a septação micelial, a fixação dos conídios, o tamanho dos conídios e as ornamentações dos conídios, revelados por microscopia eletrónica de varrimento de feixe duplo e apoiados ainda pela sequenciação do rDNA ITS (Internal Transcribed Spacer), corresponderam à descrição de *Sirosporium celtidis_KY656465*, que foi descrito anteriormente na Sicília (Itália) em 1815. Foi registada em várias espécies de *Celtis* em países mediterrânicos, no Japão e nos EUA. O presente estudo é o primeiro relato desta doença em Jammu e Caxemira.

Observações fenotípicas

Colónias hipofílicas, efusivas, castanho-avermelhadas a castanho-escuras, aveludadas. Conidióforos erectos ou ascendentes, lisos e castanhos claros perto da base, frequentemente verrucosos e mais escuros no ápice. As culturas de fungos em PDA, bem como os fungos ligados ao hospedeiro nas folhas infectadas, foram examinados em MEV para mostrar a ligação entre o hospedeiro e o fungo, as dimensões dos conídios e o comprimento das hifas. A MEV revelou que os conídios correspondiam melhor à descrição de *Sirosporium* celtidis_KY656465 dada por Ellis (1971), - "conídios cilíndricos ou por vezes obclavados, frequentemente curvos ou enrolados, lisos, rugosos ou verrucosos, sub-hialinos a dourados ou castanho-avermelhados com 1-32 septos transversais e ocasionalmente 1-2 septos longitudinais ou oblíquos, ligeiramente apertados nos septos, 23- 160 (70 µm) de comprimento, 5-10 (6.8 µm) de espessura na parte mais larga, 2,5-5 µm de largura na base, que apresenta uma cicatriz bastante discreta ". A maioria dos conídios do nosso material situa-se na gama de 16-

145 μm (**Figura 4.10a, b, c, d, e & f**) *Sirosporium celtidis* já foi registado na Índia (Ellis, 1971). O presente registo é o primeiro relato desta doença em Jammu & Kashmir

Figura 4.9: Imagens do hospedeiro, *Celtis australis*, infetado com *Sirosporium* celtidis_KY656465 e a sua cultura pura homogénea (PDA) incubada a 25-28^0 C durante 15-17 dias.

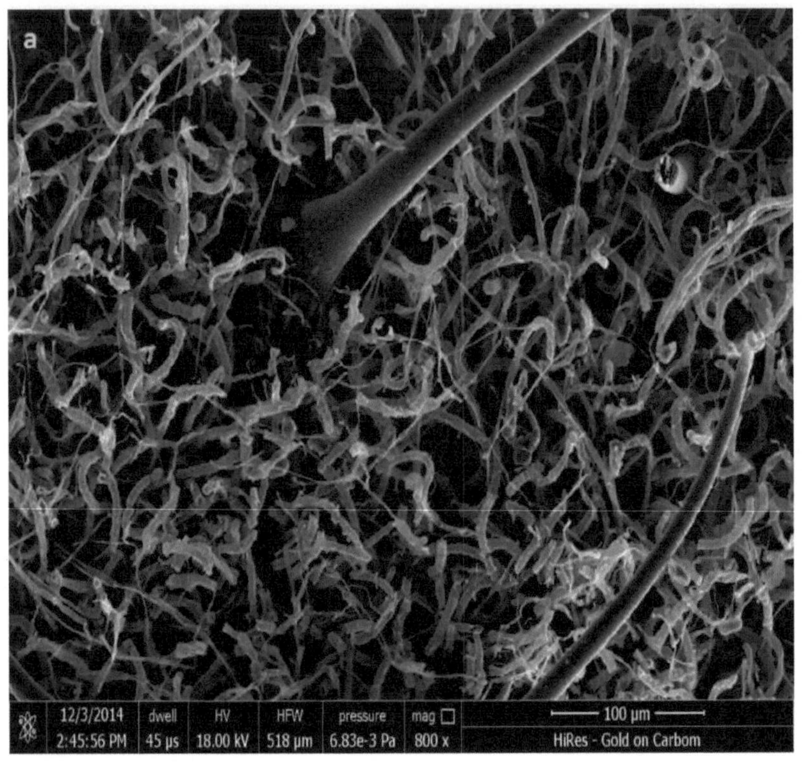
a
12/3/2014
2:45:56 PM
dwell
45 µs
HV
18.00 kV
HFW
518 µm
pressure
6.83e-3 Pa
mag
800 x
100 µm
HiRes - Gold on Carbom

b
15.61 µm
10.37 µm
13.45 µm
12.95 µm
12/3/2014
2:52:16 PM
dwell
45 µs
HV
18.00 kV
HFW
259 µm
pressure
3.98e-3 Pa
mag
1 600 x
50 µm
HiRes - Gold on Carbom
c
12/3/2014
2:13:06 PM
dwell
45 µs
HV
18.00 kV
HFW
69.1 µm
pressure
1.28e-2 Pa
mag
6 000 x
20 µm
HiRes - Gold on Carbom

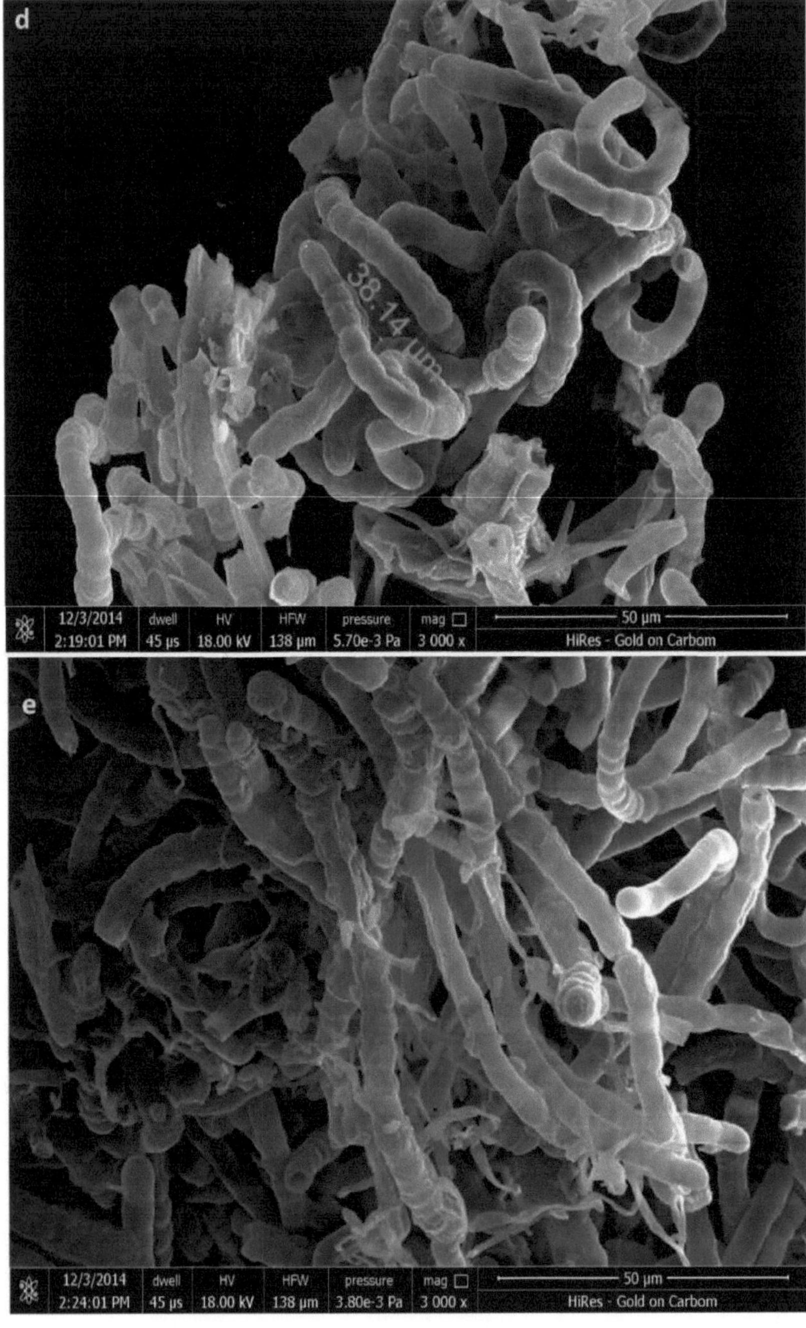
d
38.14 µm
12/3/2014
2:19:01 PM
dwell
45 µs
HV
18.00 kV
HFW
138 µm
pressure
5.70e-3 Pa
mag
3 000 x
50 µm
HiRes - Gold on Carbom
e
12/3/2014
2:24:01 PM
dwell
45 µs
HV
18.00 kV
HFW
138 µm
pressure
3.80e-3 Pa
mag
3 000 x
50 µm
HiRes - Gold on Carbom

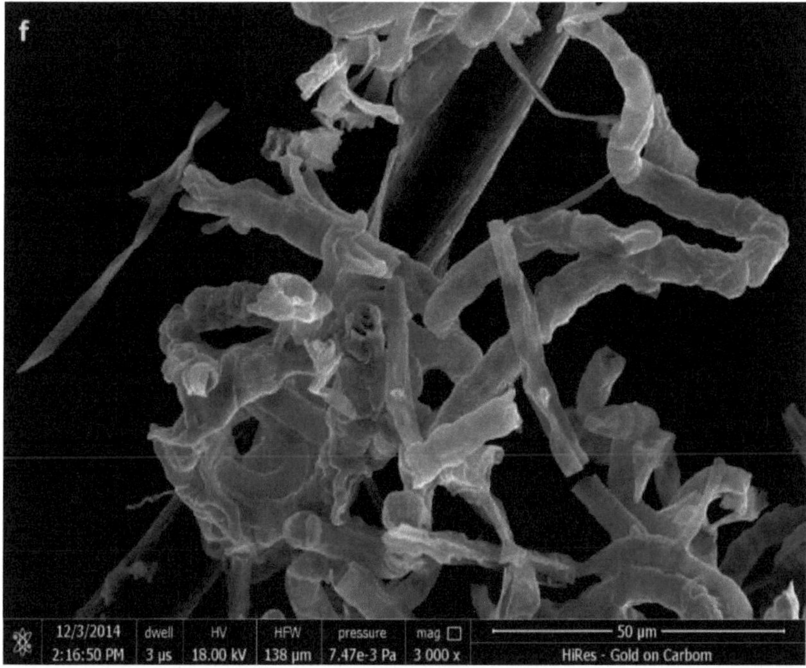

Figura 4.10: Imagens de Microscopia Eletrónica de Varrimento de *Sirosporium celtidis_KY656465*, a e *f* fixação do fungo hospedeiro a **800X** e **3000X** respetivamente

b tamanho médio dos conídios de 10,37µm a **1600X,** *c* diâmetro da ponta dos conídios, 5,560µm a **6000X**

d comprimento médio dos conidióforos 38,14µm a **3000X** e *e* grupo de conidióforos a **3000X**

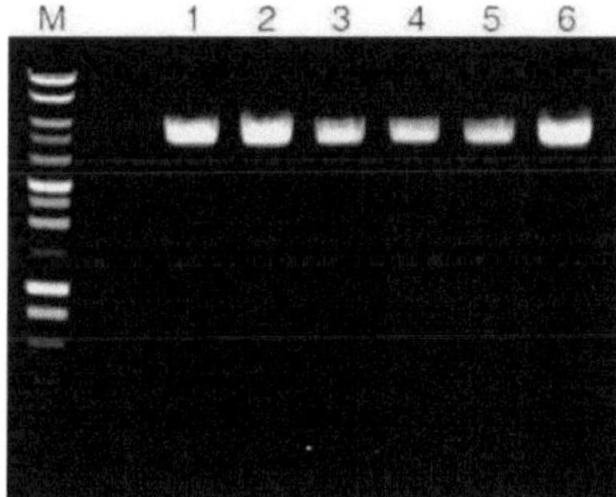

Figura 4.11: Padrão de bandas de DNA de 06 isolados contra o marcador M. Os primers ITS1 e ITS4 foram usados para amplificar o gene ITS.

Observações genotípicas

Na análise molecular, os primers ITS1 e ITS4 foram considerados mais compatíveis e apresentaram uma eficiência de amplificação máxima. As amostras amplificadas (**Figura 4.11**) foram sequenciadas bidireccionalmente no analisador genético ABI 3130. Os iniciadores foram desenhados manualmente na região 18S e 28S do ADN ribossómico conservado para amplificar as regiões ITS1- 5.8S- ITS2. Para o efeito, as sequências das espécies de *Sirosporium* foram obtidas a partir da base de dados NCBI GenBank (www.ncbi.nlm.nih.gov) e foram utilizadas para encontrar a homologia das sequências de consenso obtidas a partir de sequências múltiplas, com sequências já registadas presentes na base de dados de nucleótidos. Um mínimo das 10 melhores correspondências BLAST baseadas nas nossas sequências de fungos e sequências de taxa de fungos possivelmente relacionados foram alinhadas utilizando a filogenia MABL (Methodes et Algorithmes pour la Bio informatique Lirmm): Blast 2.2.15 (doc) para traçar a filogenia. O alinhamento foi inspeccionado de perto para garantir que não havia eventos de quimeras de PCR. As posições do alinhamento que apresentavam um elevado número de inserções e/ou deleções foram removidas. Foi utilizada uma versão em linha do PHYML (PHYlogenetic inferences using Maximum Likelihood) (www.atgc- montpellier.fr/phyml) para construir uma árvore de máxima verosimilhança (ML). A árvore foi subsequentemente testada com 1000 réplicas *O Sirosporium* celtidis_KY656465 divergiu do *Sirosporium diffusum* (KX344494.1), intimamente relacionado, em 1% (**Figura 4.12**)

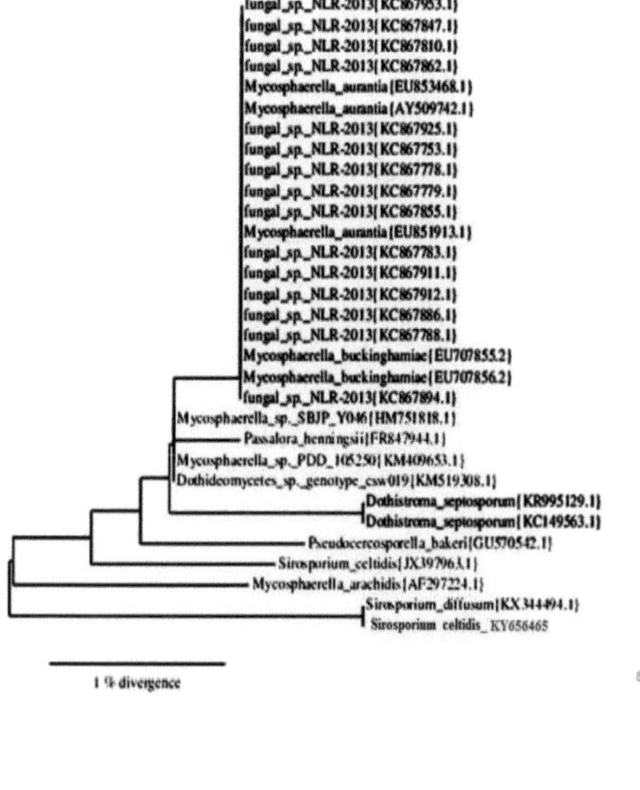

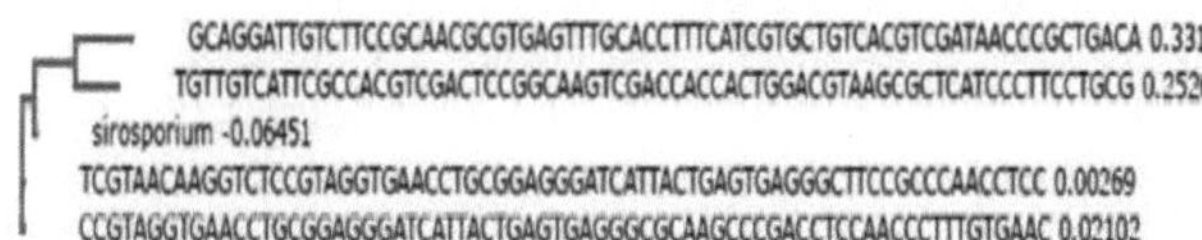

Figura 4.12: A árvore filogenética de máxima verossimilhança (www.atgc-montpellier.fr/phyml) em relação às 1000 réplicas mostra a divergência de 1% em relação ao *Sirosporium diffusum* (KX344494.1), que se encontra próximo.

Venturia inaequalis KY661360

A sarna, a doença mais mortal da macieira, é causada por *Venturia inaequalis* em Caxemira. A infeção aparece primeiro na parte inferior da folha e depois espalha-se também para as outras partes. As folhas jovens são mais susceptíveis à infeção do que as folhas maduras e velhas. Cerca de 30% da produção é reduzida nesta região devido a este agente patogénico.

Observação fenotípica

Inicialmente, os sintomas visíveis são manchas embebidas em água do tamanho de uma cabeça de alfinete (**Figura 4.13**). Mais tarde, estas aumentam de tamanho e assumem um aspeto escuro e esfumado. Numa fase posterior, a pele rompe-se e o tecido exposto adquire um aspeto aveludado castanho ou preto. No vale de Caxemira, a libertação dos ascósporos começa no final de março e pode prolongar-se por várias semanas. As lesões formam-se devido ao agrupamento de conidióforos castanhos, erectos, com numerosos conídios. Os ascósporos constituem a principal fonte de infeção. Estes tornam-se activos logo que a primavera começa. O agente patogénico aumenta a sua biomassa e a infeção prossegue através de esporos assexuados chamados conídios. Morfologicamente, os esporos tinham uma forma caraterística de chama. No entanto, o tamanho dos esporos apresenta uma variação de 10-46 x 4-18 µm.

Observação genotípica

Após a quantificação do ADN por espetrofotometria, bem como por eletroforese em gel de agarose, as amostras são visualizadas num gel de agarose a 1,6%. O gel foi analisado quanto à presença e ausência de bandas de ADN. Os primers ITS3 (GCATCGATGAAGAACGCAGC) e ITS5 (GGAAGTAAAAGTCGTAACAAGG) foram selecionados para amplificar o gene desejado (**figura 4.14**). Os amplicons de PCR processados foram encaminhados para a reação de sequenciação cíclica utilizando o Big Dye® Terminator v.3.1 cycle sequencing. Na análise filogenética, o conjunto de dados combinados e particionados da região ITS foi utilizado para procurar a melhor árvore de máxima verosimilhança (ML) utilizando o programa bioinformático MABL (Methodes et Algorithmes pour la Bio informatique Lirmm) Phylogeny Blast 2.2.15

para traçar a filogenia. Árvore filogenética de máxima verosimilhança baseada em regiões ITS concatenadas de sequências de consenso estritas do rDNA de *Venturia inaequalis_KY661360* e outras linhagens de fungos utilizadas como grupos externos. Os ramos com < 50% de apoio bootstrap foram reduzidos a politomias e um ramo longo foi encurtado em 40%. Os nós terminais marcaram sequências de consenso estritas com os números de acesso listados na base de dados GenBank de apoio. A barra de escala indica o número de substituições por sítio. *Venturia inaequalis_KY661360* divergiu de *Venturia pyrina* (AB430865.1), uma espécie estreitamente relacionada, em 4% (**Figura 4.15**)

Figura 4.13: Sintomas da sarna do *Pyrus malus* L. Cerca de 30% da produção é reduzida nesta região devido a esta doença.

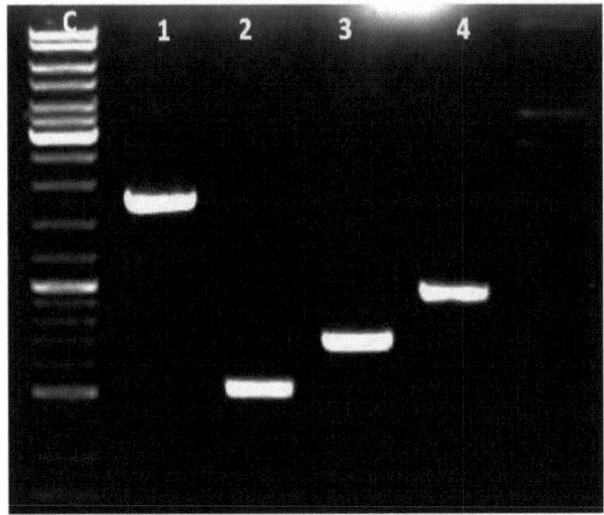

Figura 4.14: Reação de amplificação do gene ITS utilizando os iniciadores ITS3 (GCATCGATGAAGAACGCAGC) e ITS5 (GGAAGTAAAAGTCGTAACAAGG).

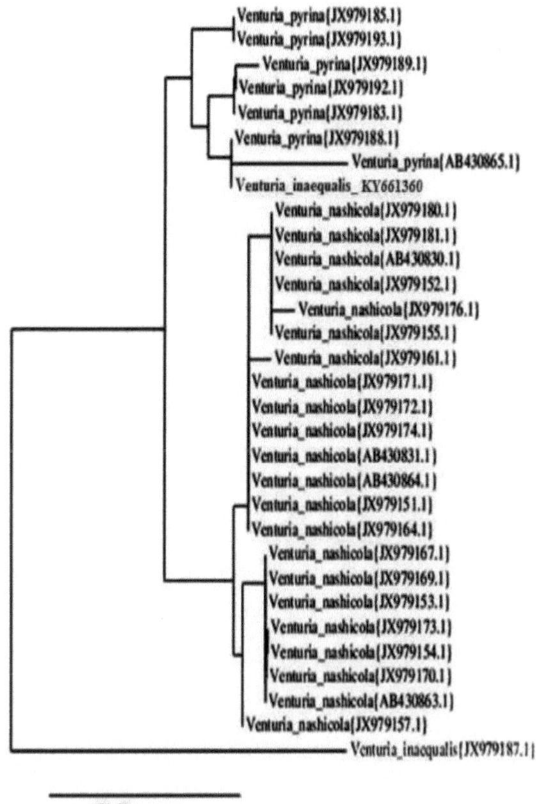

CTCAGGAGTT 0.2869
CACCGCCGTA 0.22487
AGTCACAAAT 0.29737
CATTCCCATG 0.31236
Venturia 0.14968
TTGTAGTGAA 0.16066

Figura 4.15: Árvore de junção de vizinhança da *Venturia inaequalis_KY661360* construída utilizando a pesquisa BLAST contra as dez melhores correspondências. Foi registada uma divergência de 4% em relação a *V._ pyrina* (AB430865.1) e *V._ pyrina* (JX979188.1) que se encontram em proximidade.

Meliola mangiferae KY623717

As espécies de *Meliola* são parasitas biotróficos obrigatórios que se encontram superficialmente nas partes aéreas das plantas vasculares. São vulgarmente conhecidas como míldio negro ou escuro.

Observações fenotípicas

Foram observados sintomas negros escuros na parte inferior das superfícies foliares em *Populas alba* no sul de Caxemira. Nos últimos estádios de desenvolvimento, a infeção cobre toda a superfície, o que resulta no colapso da folha (**figura 4.21**). Colónias anfígenas minúsculas e negras, na sua maioria epífilas, inicialmente dispersas mas tornando-se confluentes com a idade, densas, com 1-6 mm de diâmetro. Hifas castanho-escuras, septadas, rectas a sub-rectas, com apressórios. Peritécios castanhos, globosos, dispersos, pretos, 102-127 μm de diâmetro. Ascósporos hialinos no interior do ascus, tornando-se cinzentos ou castanhos com a idade, castanhos escuros ou cinzentos na maturidade, cilíndricos a elipsóides, arredondados nas pontas, 4-septados, apertados nos septos.

Observações genotípicas

Produtos PCR analisados em gel de eletroforese de agarose a 2% (**Figura 4.22**).

Os primers (5"- ACCCGCTGAACTTAAGC-3") e ("5 TCCTGAGGGAAACTTCG-3") foram utilizados para amplificar as regiões ITS parciais. Para a análise filogenética, as sequências ITS rDNA de outras espécies foram obtidas no GenBank. A árvore filogenética baseada em regiões ITS concatenadas de sequências de consenso estritas de rDNA de *Meliola mangiferae_* KY623717 e outras linhagens de fungos usadas como grupos externos. As regiões de consenso foram comparadas com a base de dados GenBank utilizando o programa Mega BLAST. As sequências mais próximas e os representantes das espécies *de Meliola* selecionadas foram obtidos a partir do GenBank (http://www.ncbi.nlm.nih.gov/) para ajudar a clarificar a relação filogenética dos Meliolales dentro da classe. Todas as sequências foram descarregadas em formato FASTA e alinhadas utilizando o programa de alinhamento de sequências múltiplas

MUSCLE construído em PHYML (Phylogenetic Inferences using Maximum Likelihood). Os alinhamentos foram verificados e foram efectuados os ajustes manuais necessários. Todas as regiões ambiguamente alinhadas no conjunto de dados foram excluídas da análise. As lacunas (inserções/deleções) foram tratadas como dados ausentes. Os ramos com < 30% de suporte bootstrap foram reduzidos a politomias e um ramo longo foi encurtado em 50%. Os nós terminais marcaram sequências de consenso estritas com os números de acesso listados na base de dados GenBank de apoio. A barra de escala indica o número de substituições por sítio. Ao interpretar a árvore, verificou-se que *Meliola mangiferae*_ KY623717 divergiu de *Meliola centellae* (KC252606.1) e *Meliola centellae* (NR_137799.1), intimamente relacionadas, em 2% sob ambiente geográfico distinto (**Figura 4.23**). O alinhamento resultante foi depositado na base de dados NCBI (número de acesso **KY623717**).

Figura 4.21: Isolados infectados de *Populas alba* mostrando os sintomas de *Meliola mangiferae_* KY623717. Identificação morfológica regida por desenhos de câmara lúcida com tamanho médio de conídios de 12,23μm.

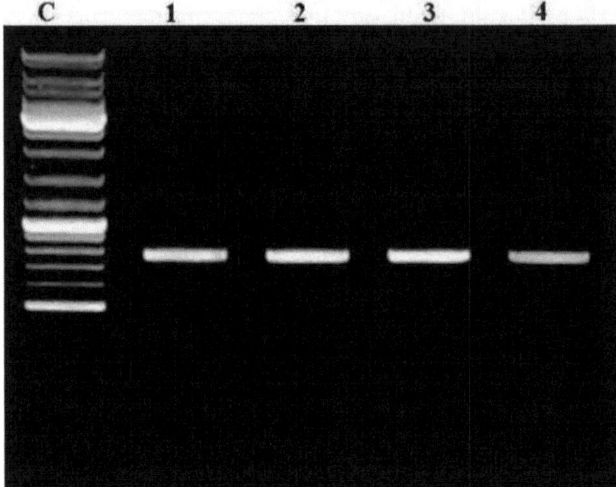

Figura 4.22: Produtos de PCR de ADN fúngico de cultura pura após amplificação com os iniciadores (5'-ACCCGCTGAACTTAAGC-3') e (5'-TCCTGAGGGAAACTTCG-3').

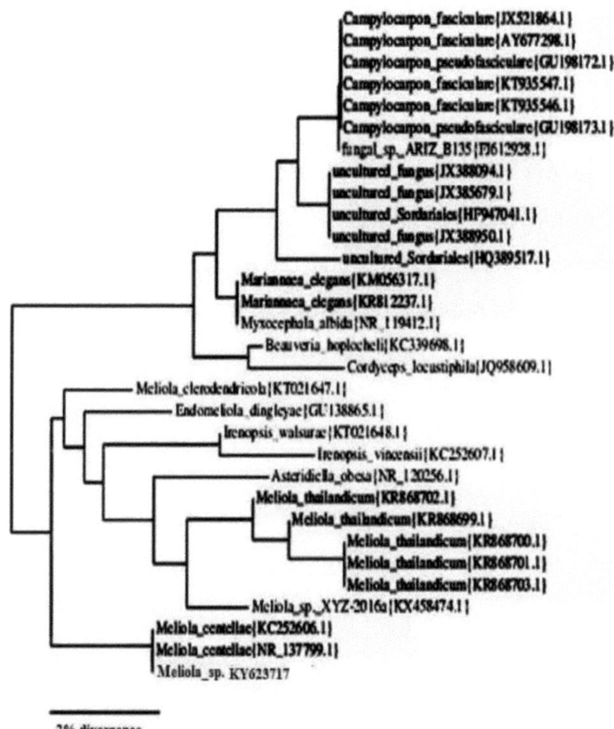

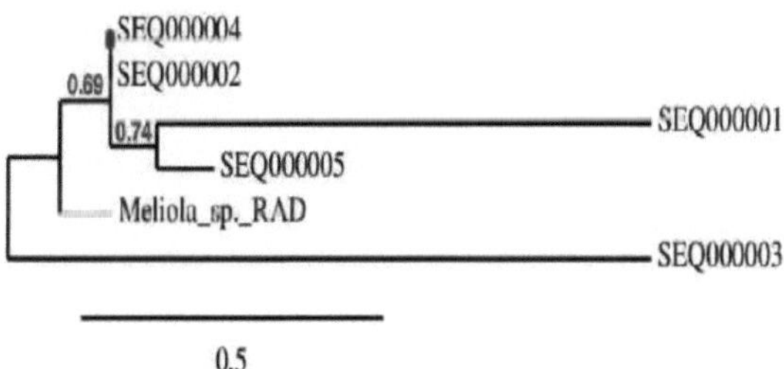

Figura 4.23: Árvore de máxima verosimilhança de *Meliola mangiferae_* KY623717 a partir do conjunto completo de dados combinados extraídos da base de dados NCBI. Os números acima dos ramos representam as proporções de bootstrap.

Stigmina carpophila KY661359

Durante o final do verão de 2015, foi observado um padrão de manchas de infeção em diferentes variedades de *Prunus armeniaca* L. (alperce) e *Prunus persica* L. (pêssego) em diferentes locais de Jammu e Caxemira (*viz.* Dooru, Anantnag, Shopian e Pahalgam). Morfologicamente, as manchas castanhas escuras nas folhas e nos frutos eram hologénicas, dispersas por toda a superfície, arredondadas a irregulares, alargadas e coalescentes, resultando numa desfolha prematura (**Figura 4.30**). A doença tornou-se cada vez mais grave com a descida da temperatura de novembro a janeiro (períodos de neve e de chuva em Caxemira).

Observações fenotípicas

Manchas predominantemente hipógenas, frequentemente não se estendendo através da lâmina, castanho-escuras, com um centro esbranquiçado e margem clorótica, irregularmente circulares, separadas, 2,48 µm de diâmetro. O tecido foliar afetado apresenta menos cloroplastos do que o tecido normal. Micélio interno, conídios produzidos isoladamente em conidióforos a partir de fascículos que se projectam através dos estomas, incolores a castanho claro, ramificados, septados e lisos. Numerosos esporodóquios produzidos na superfície superior da folha. Conidióforos rectilíneos, castanho-claros, com forma de bacilo. Células conidiogénicas que surgem dos estromas, doliiformes a cilíndricas, discretas, proliferações verrucosas, integradas, cicatrizes achatadas, imperceptíveis. Conídios cilíndricos obclavados, castanhos claros a escuros, 4-8 septos transversais, raramente com um septo vertical ou oblíquo, lisos, ápice arredondado-obtuso (**Figuras 4.31a, b, c, d & e**).

Figura 4.30: Imagens dos hospedeiros, *Prunus armeniaca* e *Prunus persica*, infectados com *Stigmina carpophila*_ KY661359.

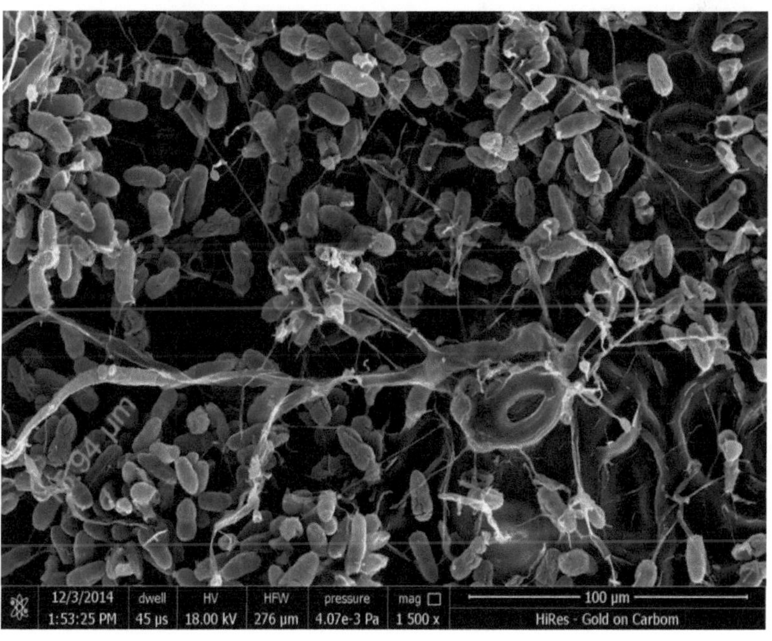

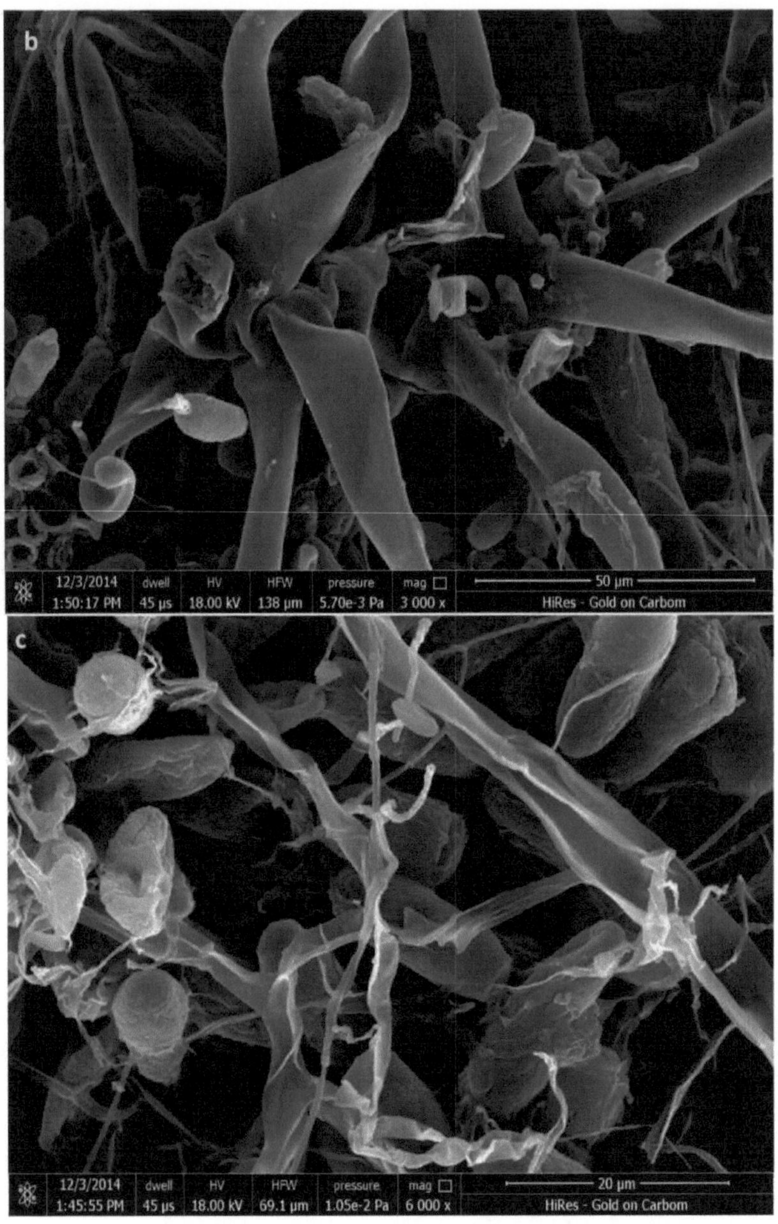
b
12/3/2014
1:50:17 PM
dwell
45 µs
HV
18.00 kV
HFW
138 µm
pressure
5.70e-3 Pa
mag
3 000 x
50 µm
HiRes - Gold on Carbom
c
12/3/2014
1:45:55 PM
dwell
45 µs
HV
18.00 kV
HFW
69.1 µm
pressure
1.05e-2 Pa
mag
6 000 x
20 µm
HiRes - Gold on Carbom

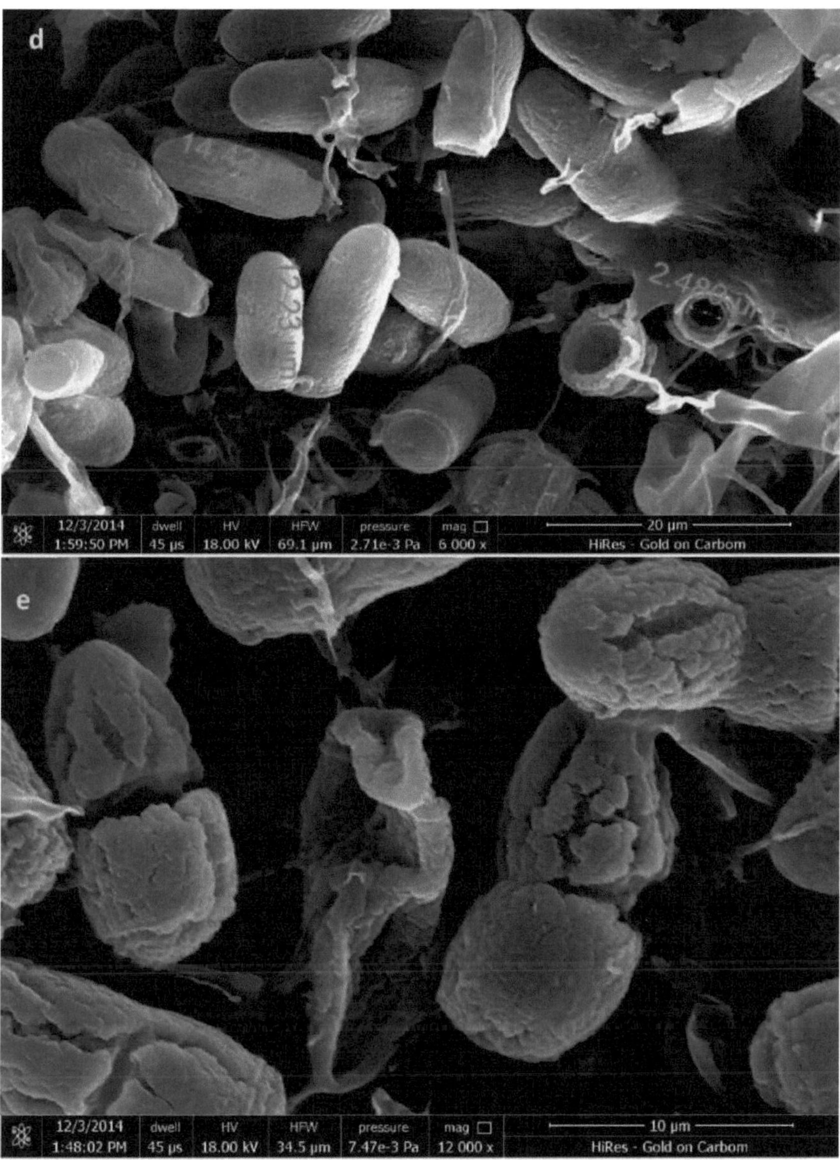

Figura 4.31: Imagens SEM de *Stigmina carpophila_* KY661359, ***um*** conídio a 1500X com comprimento médio 10,41µm,***b***, ***c*** fixação fungo-hospedeiro a 3000X e 6000X respetivamente, ***d*** diâmetro médio dos conídios 2.480µm a 6000X ***e*** rebentamento conidial a 12000X.

Observações genotípicas

O ADN puro foi obtido a partir de culturas frescas com 08 dias de idade utilizando CTAB. As reacções de PCR foram efectuadas utilizando o iniciador direto ITS1 (5"-TCCGTAGGTGAACCTGCGG-3") e o iniciador inverso ITS4 (5"-TCCTCCGCTTATTGATATGC-3"). Estes primers são considerados primers universais para fungos e têm uma eficiência de amplificação máxima. Os produtos da PCR foram separados por eletroforese em agarose de baixo ponto de fusão a 2% e visualizados por coloração com brometo de etídio (**Figura 4.32**).

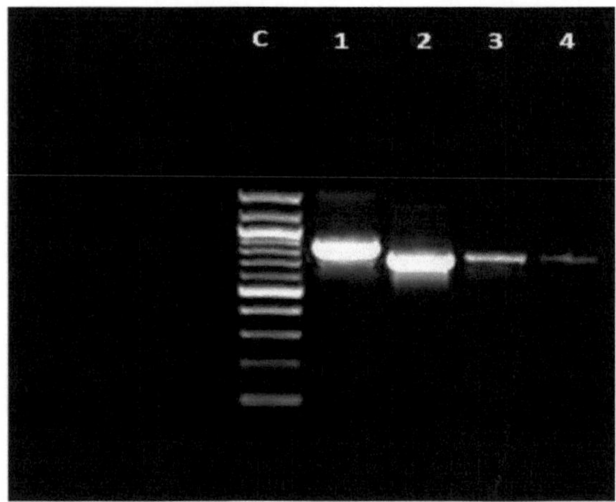

Figura 4.32: Produtos de PCR de ADN fúngico retirado de uma cultura PDA pura e fresca amplificado com ITS1 (5"-TCCGTAGGTGAACCTGCGG-3") e iniciador inverso ITS4 (5"- TCCTCCGCTTATTGATATGC-3")

Para confirmar que as sequências ribossómicas corretas estavam a ser amplificadas, cada produto de PCR foi sequenciado utilizando um analisador genético ABI 3100 e as sequências de saída foram analisadas quanto à exatidão. A sequenciação genética das sequências ribossómicas amplificadas foi efectuada utilizando o sistema Big Dye Terminator.

Para investigar melhor a relação entre os nossos isolados e as restantes espécies, a árvore filogenética foi construída utilizando o método da matriz de distância de união de vizinhos MABL. Foi efectuado um total de 1.000 replicações bootstrap com cada método para determinar a significância estatística dos ramos obtidos. Os resultados foram comparados com as bases de dados NCBI-BLAST (http://www.ncbi.nlm.nih.gov/). Verificou-se que *Stigmina carpophila_* KY661359 divergiu de *Stigmina juniperina* (KC870051.1), intimamente relacionada, em 0,4%, num ambiente geográfico distinto (**Figura 4.33**).

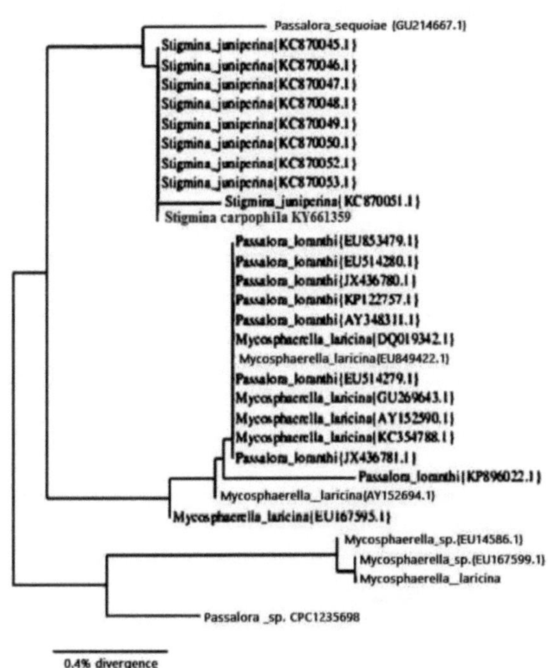

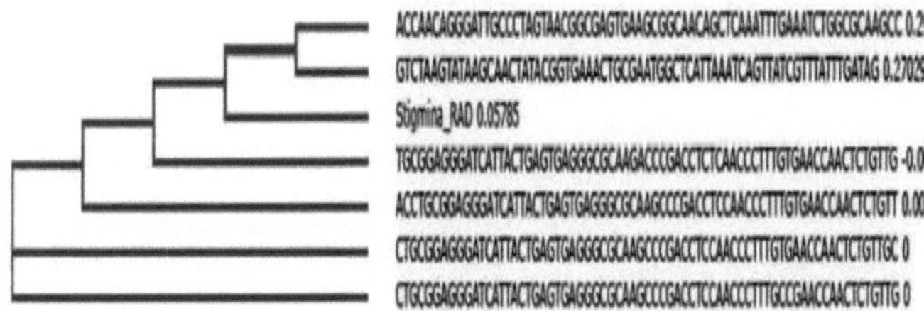

Figura 4.33: Árvore filogenética de máxima verosimilhança baseada nas variantes da sequência de rDNA (SSU-ITS-LSU) de *Stigmina carpophila_* KY661359 com as correspondências de sequências estreitamente relacionadas construídas por MABL(http://www.phylo geny.fr/phylogeny.cgi). Os valores de bootstrap são indicados para os ramos.

Trichothecium kashmeriana sp.nov.

Durante as explorações micológicas na Caxemira do Sul em setembro de 2015, foram observadas manchas brancas sob as superfícies das folhas nas variedades de maçã *Kulu, Ambri, American delicious, Maharaja* e *Golden delicious*. Os conidióforos e os conídios na superfície do tecido hospedeiro dão-lhe uma mancha branca ou um aspeto de oídio com colónias hipofílicas efusivas.

A identificação morfológica foi realizada por microscópio eletrónico de varrimento de feixe duplo (SEM) e a identificação molecular foi apoiada pela análise da sequência do espaçador interno transcrito (ITS) do rDNA, que é o único local de código de barras de ADN para a identificação molecular de fungos (Schoch, *et al.*, 2012) (**Figura 4.1**). Simultaneamente, também se observou que a extensão da infeção muda parabolicamente com as condições ambientais flutuantes em diferentes estações na área prevalecente (**Figura 4.2**).

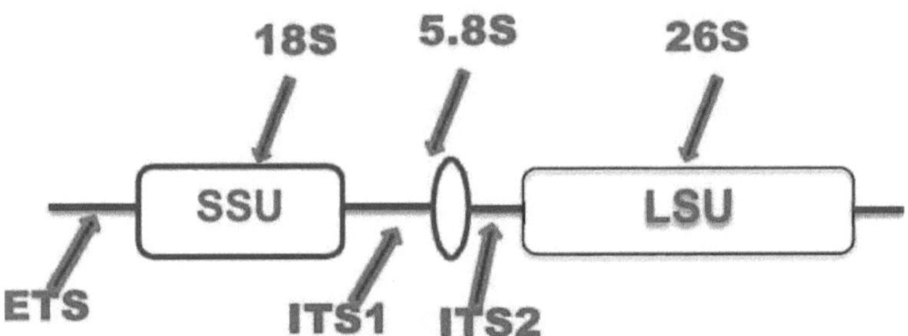

SSU = Subunidade pequena LSU =

Grande subunidade

ETS = Espaçador transcrito externo ITS1 =

Espaçador transcrito interno 1 ITS2 = Interno

Espaçador transcrito 2

Figura 4.1: Operão de rDNA - Espaçador Interno Transcrito (ITS)

O fungo foi isolado das amostras infectadas recolhidas nos diferentes locais selecionados (**Quadro 4.2**). Os sintomas apareceram nas superfícies inferiores das folhas como manchas esbranquiçadas irregulares claras (nódoa), espalhando-se mais tarde também para as superfícies superiores (**Figura 4.3**). A maior parte das árvores infectadas foram desfolhadas prematuramente.

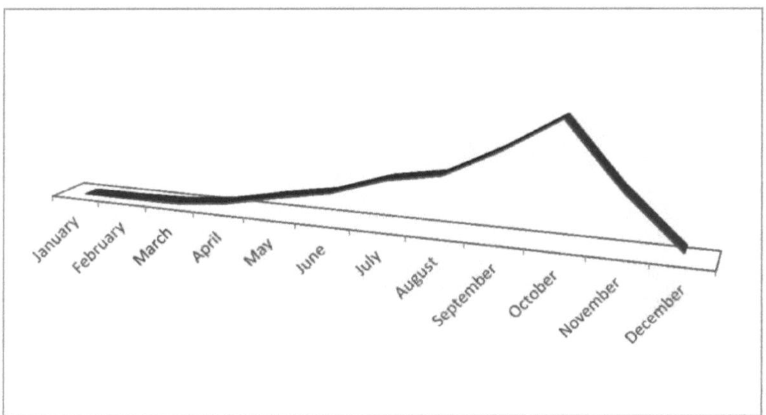

Figura 4.2: A curva de crescimento de *T. kashmeriana* mostra que a extensão da infeção muda parabolicamente com as condições ambientais flutuantes em diferentes estações na área predominante.

Quadro 4.2: Locais selecionados e estudados mostrando diferentes percentagens de ocorrência de *T. kashmeriana* em diferentes locais na Índia.

Área inquirida	Número de plantas observadas	Número de plantas infestadas	% de ocorrência de fungos
Anantnag	30	07	0.234
Baramulla	35	11	0.314
Shopian	37	14	0.378
Kupwara	15	03	0.200
Srinagar	10	04	0.400
Total	**127**	**39**	**0.307**

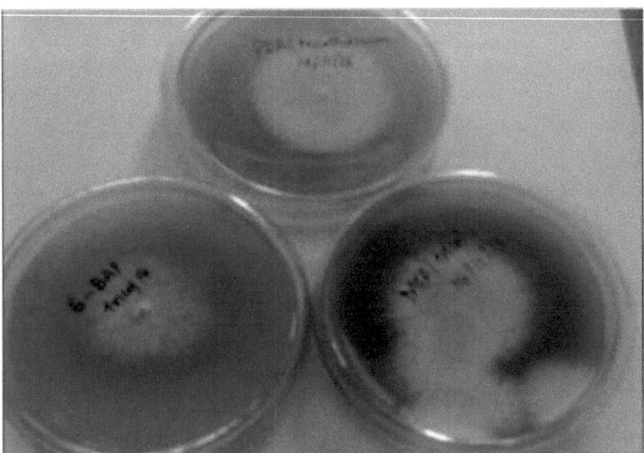

Figura 4.3: Folhas infectadas de *Pyrus malus* L.

Figura 4.4: Mostra uma cultura homogénea de *T. kashmeriana* com 10 dias de idade em PDA incubada a 22- 28°C. As culturas de fungos foram examinadas para UFC utilizando um hemocitómetro e a suspensão de esporos de $1x10^3$ concentrações

Observações fenotípicas (Microscopia eletrónica de varrimento)

Sintomas irregulares aveludados esbranquiçados a castanho-escuros apareceram nas superfícies inferiores das folhas, tornando-se mais tarde castanho-acinzentados na superfície superior. A técnica revelou diferentes caraterísticas*, nomeadamente* a interação entre o fungo e o hospedeiro, as dimensões dos conídios e o comprimento das hifas. Desenvolvimento conidial retrógrado, elipsoidal a piriforme de duas células, com uma cicatriz basal obliquamente truncada, hialina, lisa a delicadamente rugosa e com paredes espessas e constritas no septo ou perto dele (watanabe). O tamanho varia entre 15-20 x 7,5-10 µm. Inicialmente são asseptados, o septo desenvolve-se quando os conídios jovens amadurecem. Os conidióforos são erectos, não ramificados, frequentemente septados perto da base, com paredes mais ou menos rugosas (Figura 4.5a, b, c, d, e, f, g & h). As colónias são de crescimento moderadamente rápido, planas, semelhantes a uma camurça ou a um pó, inicialmente brancas mas tornando-se rosadas, cor-de-rosa ou cor de laranja com a idade (figura 4.4). Os conidióforos não se distinguem das hifas vegetativas até à produção do primeiro conídio.

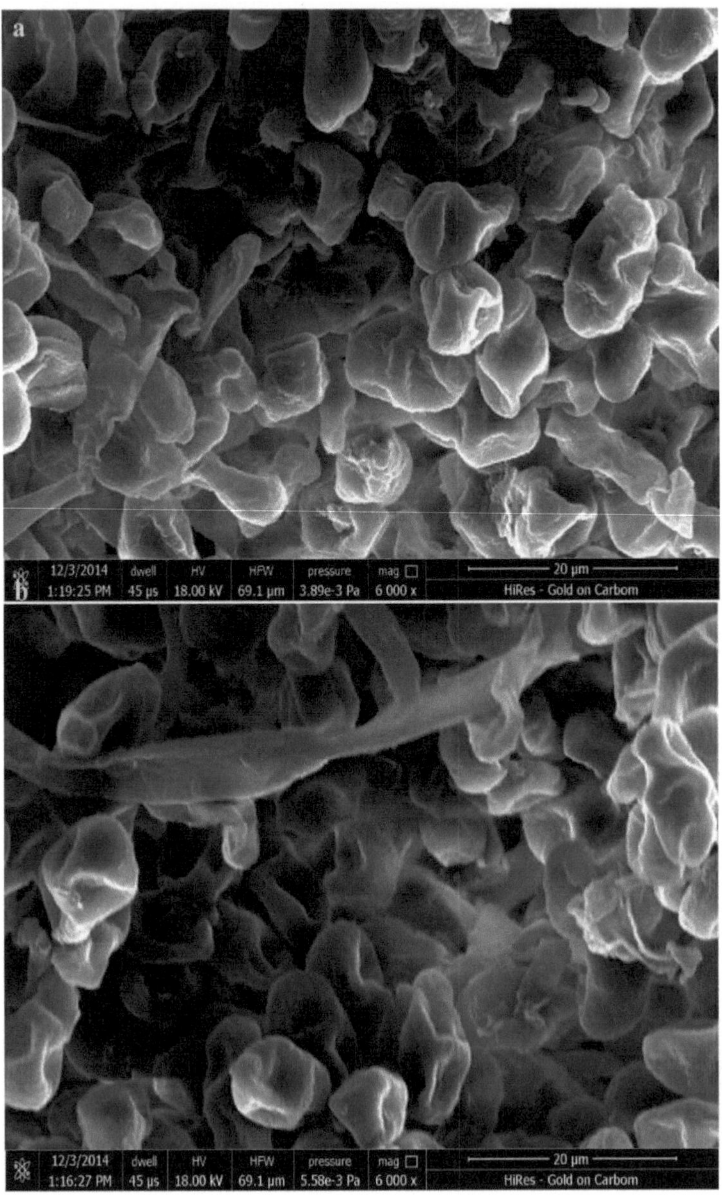
a
12/3/2014
1:19:25 PM
dwell
45 μs
HV
18.00 kV
HFW
69.1 μm
pressure
3.89e-3 Pa
mag
6 000 x
20 μm
HiRes - Gold on Carbom
b
12/3/2014
1:16:27 PM
dwell
45 μs
HV
18.00 kV
HFW
69.1 μm
pressure
5.58e-3 Pa
mag
6 000 x
20 μm
HiRes - Gold on Carbom

c
12/3/2014
1:21:25 PM
dwell
45 µs
HV
18.00 kV
HFW
276 µm
pressure
3.18e-3 Pa
mag
1 500 x
100 µm
HiRes - Gold on Carbom
d
101 µm
12/3/2014
1:29:02 PM
dwell
45 µs
HV
18.00 kV
HFW
16.6 µm
pressure
1.85e-3 Pa
mag
25 000 x
5 µm
HiRes - Gold on Carbom

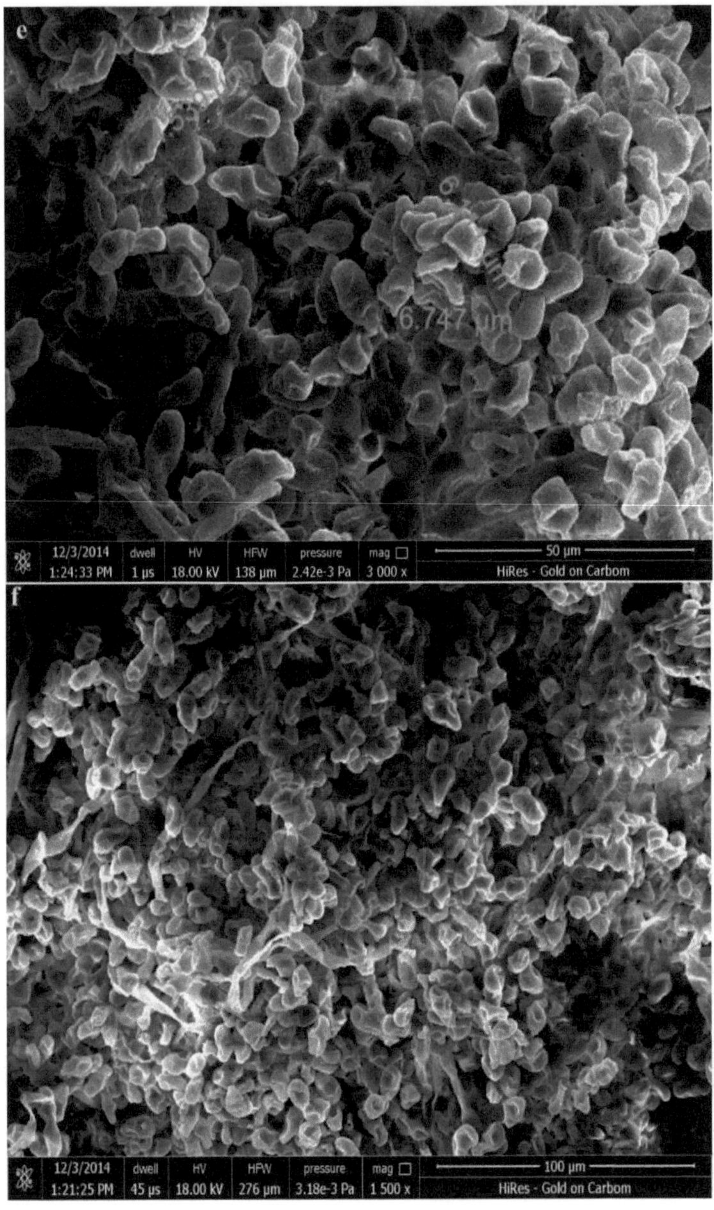
e
6.747 µm
12/3/2014
1:24:33 PM
dwell
1 µs
HV
18.00 kV
HFW
138 µm
pressure
2.42e-3 Pa
mag
3 000 x
50 µm
HiRes - Gold on Carbom
f
12/3/2014
1:21:25 PM
dwell
45 µs
HV
18.00 kV
HFW
276 µm
pressure
3.18e-3 Pa
mag
1 500 x
100 µm
HiRes - Gold on Carbom

Figure 4.5: Imagens SEM de *Trichothecium kashmeriana* revestido com ouro (HiRes - Ouro sobre carbono): **(a & c)** Morfologia geral dos conídios a 6000X e 1500X, respetivamente. **(b)** e **(f)** mostram diretamente a fixação de *Trichothecium kashmeriana* ao hospedeiro a 6000X e 1500X, respetivamente **(d)** Dimensões de um único conídio com 6,101µm a 25000X**.** (**e** & **g**) Tamanhos médios dos conídios, 4,530µm, 6,111µm e 6,747µm a 3000X e 6000X, respetivamente. (**h**) Rebentamento de conídios a **16000X**.

Teste de patogenicidade

No teste de patogenicidade, os esporos do fungo quando pulverizados nas maçãs/folhas frescas causaram os mesmos sintomas de mancha branca em 04 semanas após a inoculação artificial, o que é semelhante às observações no campo. Os comprimentos médios das lesões resultantes da inoculação superficial do fungo em 05 variedades de maçã são apresentados no **quadro 3**. As diferentes variedades respondem de forma diferente, a lesão mais longa (média=6,028mm) foi obtida na variedade *Kulu* e a menor na variedade *American delicious* (média=2,011mm).

Quadro 4.3: Estudo de patogenicidade realizado em diferentes variedades de maçã artificialmente inoculadas com fungos. As diferentes variedades reagem de forma diferente.

Variedades	Número de isolamento	Comprimento médio da lesão (mm)
Kulu	KASH1078	6.028
Ambri	KASH1099	5.029
Delicioso dourado	KASH1065	4.023
Americano delicioso	KASH1055	2.011
Marajá	KASH1040	3.019

As médias seguidas pela mesma letra não são significativamente diferentes (P=0,05)

Optimizando as condições de PCR, foram utilizados os primers ITS1 e ITS4 (**Tabela 4.4**), que apresentam a maior eficiência de amplificação, para amplificar o gene ITS. A PCR resultou na amplificação bem sucedida do gene ITS rDNA (374 pb). Os amplicons foram visualizados em gel de agarose 1,5% sob transiluminador UV (**Figura 4.6**). Todas as sequências do gene ITS determinadas neste estudo foram submetidas ao GenBank. Com base nas sequências de DNA, foram realizadas comparações entre *Trichothecium kashmeriana* e as espécies ou isolados mais próximos para os quais havia sequências disponíveis. A árvore filogenética (árvore de junção de vizinhos) foi construída utilizando o método de agrupamento UPMGMA (Unweighted Pair Group Method with Arithmetic Mean) (Statistics on BioloMICS Ward's minimum variance, tree: Cophenetic Coef. Corr.: 0.13263 N obs: 1128.00000 DF: 1127.00000 T-value: 4,49218 ND P: 0,415813 D P: 0,831627 OTUs na árvore:48).A árvore documentou informações sobre as relações evolutivas inferidas entre os diferentes taxa de *Trichothecium* aliados. A sequência ITS gerada foi submetida a BLAST na base de dados NCBI (http://www.ncbi.nlm.nih.gov) para obter as semelhanças entre as espécies. A análise de máxima verosimilhança foi efectuada por MOLE BLAST (http://blast.ncbi.nlm.nih.gov/moleblast/moleblast.cgi) e os valores estatísticos de parentesco foram dados por bootstrapping (amostragem aleatória com substituição) utilizando o programa bioinformático phylogeny.lirmm.fr. O segmento da linha inferior com o número numérico '0,06' reflecte o comprimento do ramo que representa uma quantidade de mudança genética. As unidades de comprimento de ramo (substituições nucleotídicas/sítio) são o número de alterações ou substituições genéticas dividido pelo comprimento da sequência (**Figura 4.7**). O comprimento de um ramo flutua proporcionalmente às diferenças de nucleótidos, e os números indicados nos respectivos ramos reflectem as percentagens de frequências com que um determinado ramo apareceu em diferentes 1000 replicações bootstrap.

Tabela 4.4: Primers utilizados para a amplificação do gene ITS.

Primers	Sequence (5' - 3')
ITS1	TCCGTAGGTGAACCTGCGG
ITS4	TCCTCCGCTTATTGATATGC

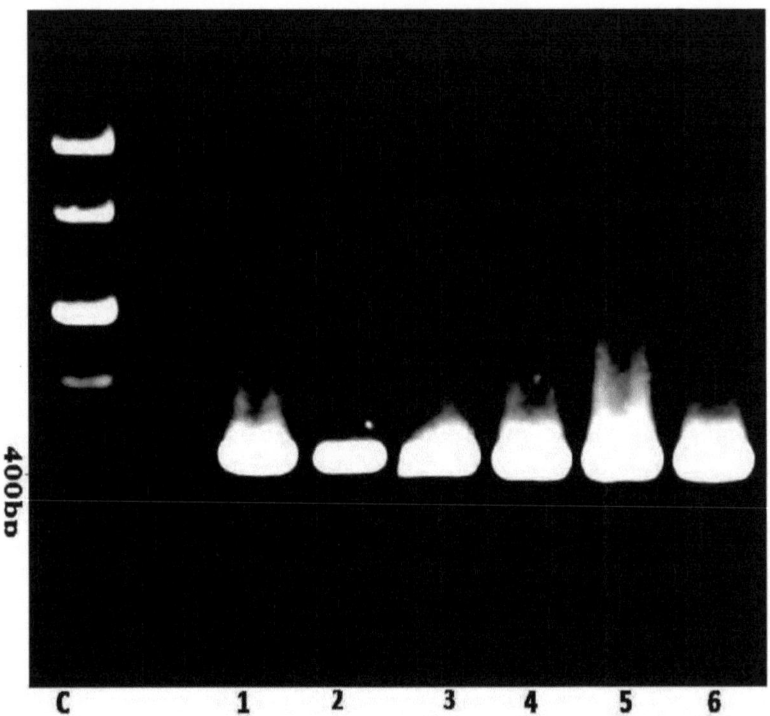

Figure 4.6: Variação no tamanho dos fragmentos de ADN ribossómico amplificados a partir de *Trichothecium kashmeriana* **KT825858** utilizando primers ITS-1 e ITS-4 concebidos a partir da sequência comum a ITS1 e ITS2.

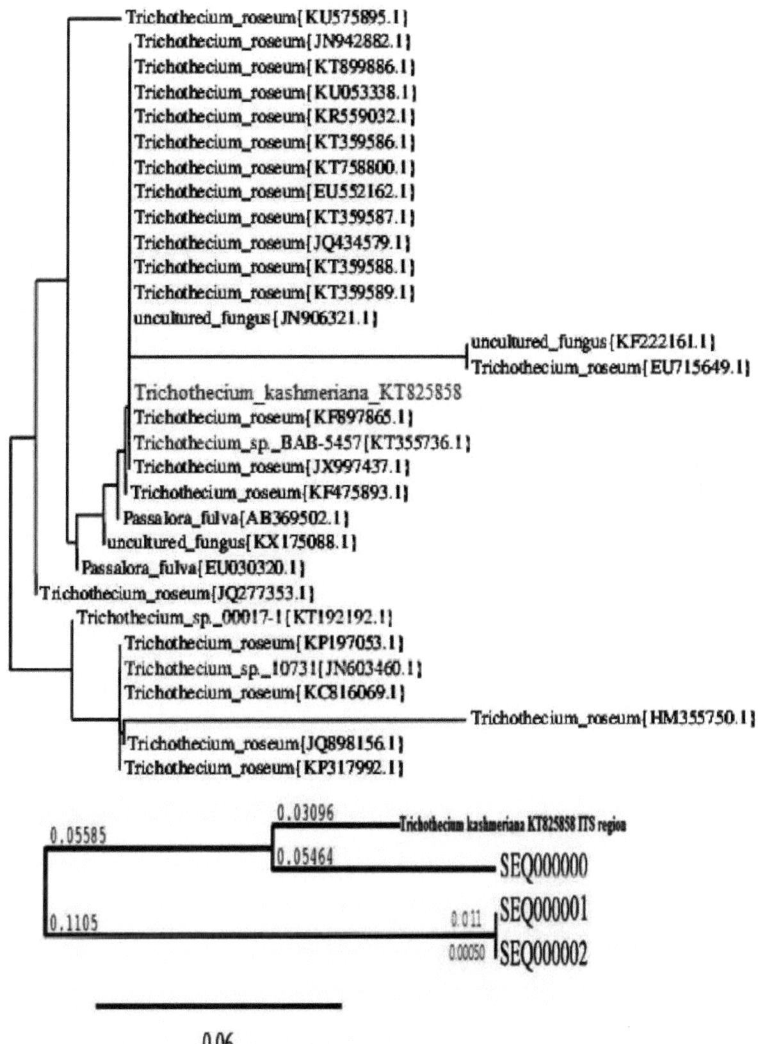

Figura 4.7: Árvore filogenética de máxima verosimilhança baseada nas variantes da sequência de rDNA da subunidade pequena - espaçador interno transcrito - subunidade grande (SSU-ITS-LSU) do *Trichothecium kashmeriana* com as correspondências de sequências estreitamente relacionadas construídas por phylogeny.lirmm.fr Os ramos que receberam <70% de apoio bootstrap foram reduzidos a politómios e os ramos longos foram encurtados em 40%, o que é indicado com duas barras diagonais. Os valores de bootstrap são dados para ramos entre culturas, mas não dentro delas. A barra de escala indica o número de substituições por local e o número '0,06' mostra o comprimento do ramo que representa uma quantidade de alteração genética.

Números de acesso da sequência nucleotídica

O número de acesso ao GenBank para a sequência do produto da região ITS amplificado com os primers ITS1 e ITS4 do isolado 220c de *Trichothecium kashmeriana* (NCBI unique submission Id Banklt -1858990) foi atribuído ao número de acesso NCBI GenBank **KT825858**.

```
>Trichothecium kashmeriana_KT825858
TCGCAGCCCCGGACCAAGGCGCCCGCCGGAGGACCAACCAAAACTCTTTTGTATACC
CCCTCGCGGGTTTTTTTATAATCTGAGCCTTCTCGGCGCCTTCGTAGGCGTTTCGAA
AATGAATCAAAACTTTCAACAACGGATCTCTTGGTTCTGGCATCGATGAAGAACGCA
GCGAAATGCGATAAGTAATGTGAATTGCAGAATTCAGTGAATCATCGAATCTTTGAA
CGCACATTGCGCCGCCAGTATTCTGGCGGGCATGCCTGTCCGAGCGTCATTTCAACC
CTCGAACCCCTCCGGGGGGTCGGCGTGGGGGATCGGCCCTCCCTTAGCGGGGTGGCC
GTCTCCGAAATACAGCGGTCTCGCCGCGG
```

Pontuação BLAST (resumo do valor E)

O valor E ou valor Expect mostrou o alinhamento significativo numa correspondência de sequência ITS de homologia específica. Nos resultados específicos da pesquisa BLAST foi designado um valor E que reflecte o grau de significância do acerto BLAST, apenas para apresentar as semelhanças nas sequências de genes ITS. Os valores E calculados de diferentes resultados são apresentados na **figura 4.8.**

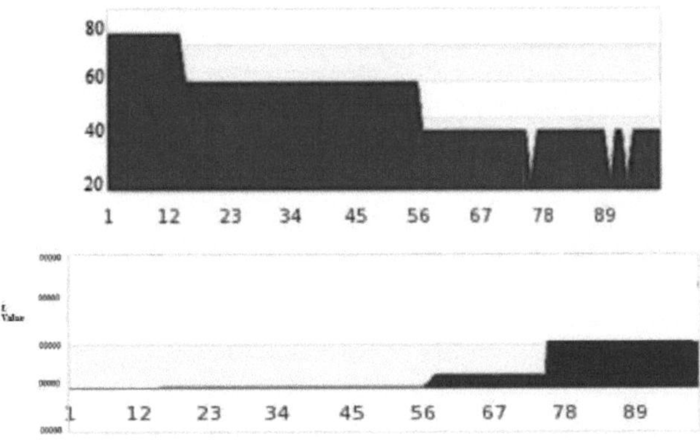

Figura 4.8: As pontuações indicam o grau de semelhança entre a sequência de consulta e os acertos, são indicadores da probabilidade de uma determinada correspondência ter sido gerada aleatoriamente.

Espaçador interno transcrito 1 de ***Trichothecium kashmeriana*** estirpe 220c, sequência parcial; gene do ARN

ribossómico 5.8S, sequência completa; e espaçador interno transcrito 2, sequência parcial

GenBank: KT825858.1

FASTA Graphics

Go to:

LOCUS KT825858 374 bp DNA linear PLN 08-MAR-2016
DEFINITIO
N *Trichothecium kashmeriana* strain 220c internal transcribed spacer 1,
partial sequence; 5.8S ribosomal RNA gene, complete sequence; and internal transcribed spacer 2, partial sequence.
ACCESSION KT825858
VERSION KT825858.1 GI:1002677725
KEYWORDS .
SOURCE
ORGANISM *Trichothecium kashmeriana*
Eukaryota; Fungi; Dikarya; Ascomycota; Pezizomycotina; Sordariomycetes; Hypocreomycetidae; Hypocreales; Hypocreacea
Trichoderma.

REFERENCE 1 (bases 1 to 374) AUTHORS Dar,R.A.
TITLE ITS of*TTrichothecium kashmeriana*
JOURNAL Unpublished REFERENCE 2 (bases 1 to 374)
AUTHORS Dar,R.A.
TITLE Direct Submission
JOURNAL Submitted (24-SEP-2015) Dept. of Botany, Dr. Harisingh Gour Central University, Sagar, Indiana 470003, India
COMMENT ##Assembly-Data-START##
Sequencing Technology :: Sanger dideoxy sequencing
##Assembly-Data-END##
FEATURES
Locat
ion/Qualifiers source1..374
/organism=" *Trichothecium kashmeriana*
/mol_type="genomic DNA"/strain="220c"/isolation_source=*Pyrusmalus*/db_xref="taxon:5544"/country=" India: Jammu and Kashmir"/lat_lon="33.45N76.24E"/collection_date="15-Mar-2015"
mise_RNA <1..>374
/note="contains internal transcribed spacer 1, 5.8S ribosomal RNA, and internal transcribed spacer 2"
1 tcgcagcccc ggaccaaggc gcccgccgga ggaccaacca aaactcttat tgtatacccc
61 ctcgcgggtt ttttataat ctgagccttc tcggcgcctc tcgtaggcgt ttcgaaaatg
121 aatcaaaact ttcaacaacg gatctcttgg ttctggcatc gatgaagaac gcagcgaaat
181 gcgataagta atgtgaattg cagaattcag tgaatcatcg aatctttgaa cgcacattgc
241 gccgccagta ttctggcggg catgcctgtc cgagcgtcat ttcaacccctc gaaccccctcc
301 gggggtcgg cgtgggggat cggcccctccc ttagcggggt ggccgtctcc gaaatacagt
361 ggcggtctcg ccgc

Alternaria kashmeriana sp.nov.

A mancha de cancro (regiões necróticas erosivas) de *Platanus* sp., causada pelo fungo *Ceratocystis platani,* uma doença letal, foi anteriormente registada nos Estados Unidos e na Europa. A doença resulta na coloração do xilema, na distração do movimento osmótico, em cancros e, finalmente, na morte da árvore. O primeiro registo da doença foi observado na Grécia em 2003, em plátanos orientais no sudoeste do Peloponeso. O presente estudo afirma que foi registada uma doença semelhante nas folhas de *Platanus orientalis* em Caxemira, onde o organismo causal é uma nova espécie de fungo, *Alternaria kashmeriana* sp.nov **(Figura 4.16)**. O fungo foi isolado (Koch, 1876) a partir de amostras de folhas infectadas de *Platanus orientalis* colhidas em diferentes locais, *nomeadamente no* parque nacional de Dachigam (04), em Baramulla (02), no jardim botânico (07), em Bandipora (07), em Pampore (05), em Pulwama (05) e em Awantipora (03) (**quadro 4.5**). A magnitude da infeção varia parabolicamente na região (**figura 4.17**).

Quadro 4.5: Locais selecionados e estudados mostrando diferentes percentagens de ocorrência de *Alternaria kashmeriana* em diferentes locais na Índia.

Área inquirida	N.º de plantas observadas	N.º de plantas infestadas	% de ocorrência de fungos
Awantipora	14	03	0.21
Baramulla	12	02	0.16
Bandipora	23	07	0.23
Parque Nacional de Dachigam	17	04	0.23
Jardins botânicos de Srinagar	19	07	0.36
Pampore	16	05	0.31
Pulwama	09	01	0.11
Total	**110**	**29**	**0.26**

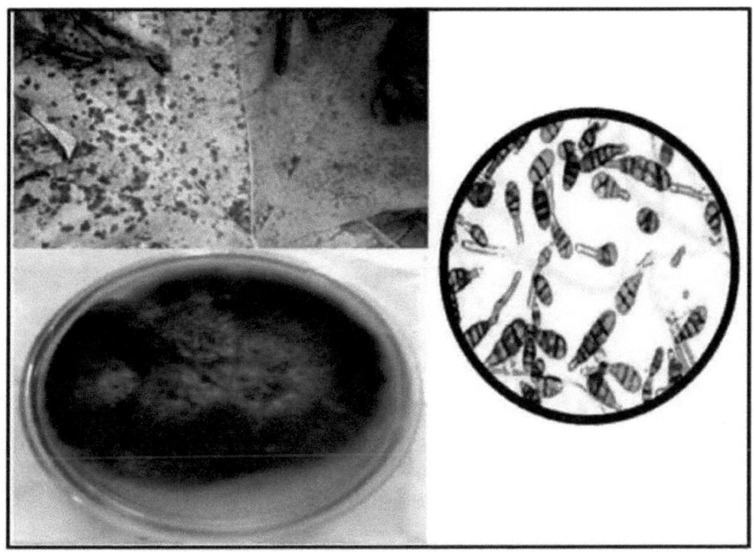

Figura 4.16: Cultura PDA homogénea de *A. kashmeriana* com 10 dias de idade, incubada a 2228°C.

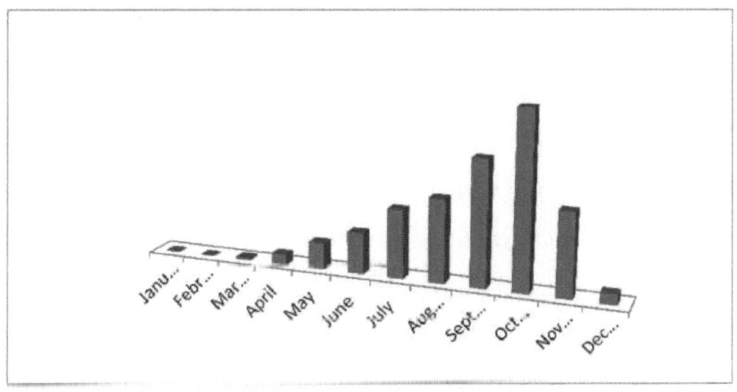

Figura 4.17: A magnitude da ocorrência de *A. kashmeriana* e a extensão da sua infeção mudam parabolicamente com as condições ambientais flutuantes em diferentes estações na área predominante.

Observações fenotípicas

Os sintomas aparecem nas superfícies inferiores das folhas como manchas irregulares castanho-escuras claras (como ferrugem), tornando-se mais tarde castanho-acinzentadas profundas na superfície superior. As colónias oliváceas de crescimento rápido, de cor preta a acinzentada, são do tipo camurça e flocosas. Microscopicamente, cadeias ramificadas acropetálicas (blastocatenadas) de conídios multicelulares (dictioconídios) são produzidas simpodialmente. Conídios obclavados, obpiriformes, por vezes ovóides ou elipsoidais com um bico cónico curto.

Observações genotípicas

Amplicões visualizados em gel de agarose a 1,5% (**Figura 4.18**). Estes amplicões foram encaminhados para a reação de sequenciação cíclica utilizando o BigDye® Terminator v.3.1 Cycle Sequencing Kit (Applied Biosystems, Inc.) com 16th dobras de diluição. Foi construída uma árvore filogenética de máxima verosimilhança utilizando o método de agrupamento UPMGMA (**Figura 4.19**), que reflecte as semelhanças das sequências das regiões espaçadoras de transcritores internos, ITS1 e ITS2 do rDNA dos isolados com outras espécies fúngicas relacionadas, obtidas a partir da base de dados NCBI GenBank. O segmento da linha inferior da árvore filogenética com o número numérico "0,5" representa a quantidade de alterações genéticas na região ITS dos isolados, em termos de valores de bootstrap de espécies aliadas de *Alternaria*. Os ramos que receberam < 70% de apoio bootstrap foram reduzidos a politómios e os ramos longos foram encurtados em 40%, o que é indicado por duas barras diagonais. Os valores de bootstrap são dados para ramos entre culturas, mas não dentro delas. O índice de semelhança calculado, os valores esperados (E-values) de diferentes resultados são apresentados graficamente na (**Figura 4.20**).

O número de acesso NCBI GenBank **KT825857** (NCBI unique submission Id BankIt1858984) foi atribuído à sequência do gene ITS.

> *Alternaria kashmeriana*

TTCTCCGTAGGTGAACCTGCGGAGGGATCATTACACAAATATGAAGGC
GGGCTGGAACCTCTCGGGGTTACAGCCTTGCTGAATTATTCACCCTTG
TCTTTTGCGTACTTCTTGTTTCCTTGGTGGGTTCGCCCACCACTAGGA
CAAACATATAAACCTTTTGTAATTGCAATCAGCGTCAGTAACAAATTA
ATAATTACAACTTTCAACAACGGATCTCTTGGTTCTGGCATCGATGAA
GAACGCAGCGAAATGCGATAAGTAGTGTGAATTGCAGAATTCAGTGAA
TCATCGAATCTTTGAACGCACATTGCGCCCTTTGGTATTCCAAAGGGC
ATGCCTGTTCGAGCGTCATTTGTACCCTCAAGCTTTGCTTGGTGTTGG
GCGTCTTGTCTCTAGCTTTGCTGGAGACTCGCCTTAAAGTAATTGGCA
GCCGGCCTACTGGTTTCGGAGCGCAGCACAAGTCGCACTCTCTATCAG
CAAAGGTCTAGCATCCATTAAGCCTTTTTTTCAACTTTTGACCTCGGA
TCAGGTAGGGATACCCGCTGAACTTAAGCATATCAATAAGCGGA

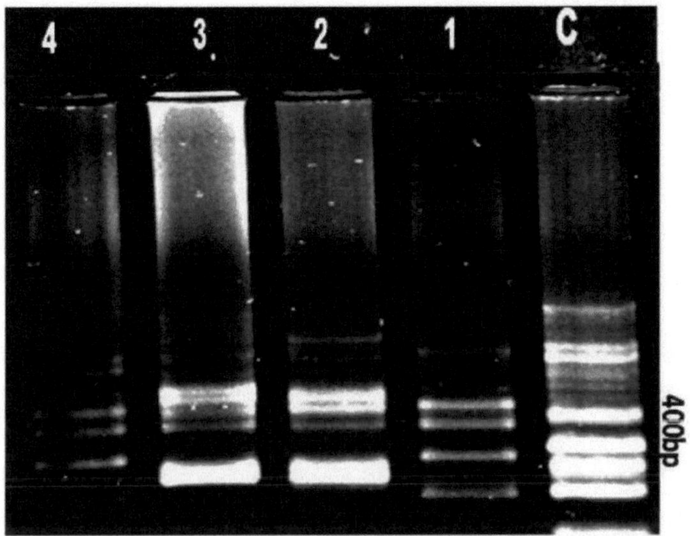

Figura 4.18: Variação no tamanho dos fragmentos de rDNA de *Alternaria kashmeriana* **KT825857** e de diferentes isolados de *Alternaria* utilizando primers ITS-1 e ITS-4 concebidos a partir da sequência comum a ITS1 e ITS2.

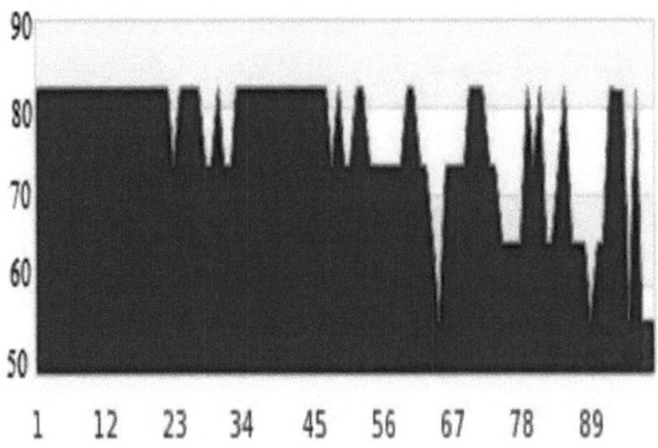

Figura 4.20: Resumo do valor E: As pontuações indicam o grau de semelhança entre a sequência de consulta e os resultados

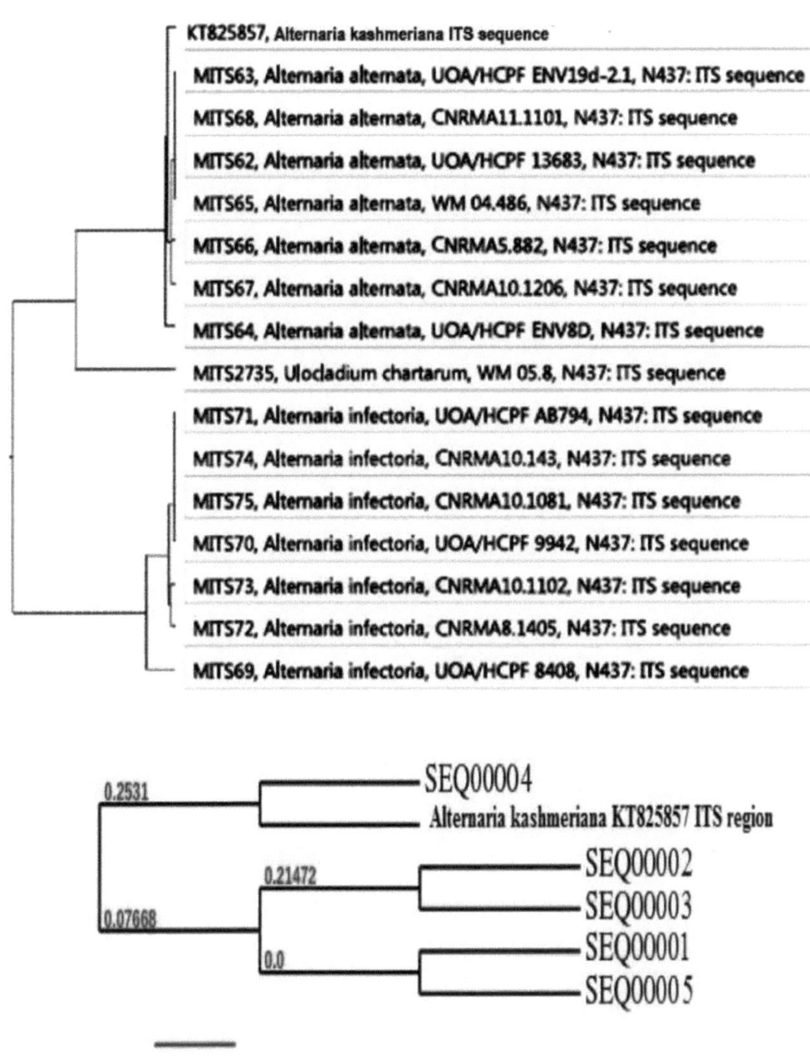

Figura 4.19: Árvore filogenética de máxima verosimilhança baseada nas variantes da sequência de rDNA da subunidade pequena - espaçador interno transcrito - subunidade grande (SSU-ITS-LSU) de *A. kashmeriana* com as correspondências de sequências estreitamente relacionadas construídas por UPMGMA. A barra de escala indica o número de substituições por sítio e o número '0,5' mostra o comprimento do ramo que representa uma quantidade de mudança genética.

GenBank

Alternaria kashmeriana **estirpe 150b gene do ARN ribossómico 18S, sequência parcial; espaçador interno transcrito**

1, gene do ARN ribossómico 5.8S e espaçador interno transcrito 2, sequência completa; e gene do ARN ribossómico 28S, sequência parcial

GenBank: KT825857.1

FASTA Graphics

LOCUS KT825857 572 bp DNA linear PLN 08-MAR-2016

DEFINITION *Alternaria kashmeriana* strain 150b 18S ribosomal RNA gene, partial sequence; internal transcribed spacer 1, 5.8S ribosomal RNA gene, and internal transcribed spacer 2, complete sequence; and 28S ribosomal RNA gene, partial sequence.

ACCESSION KT825857

VERSION KT825857.1 GI:1002677724
KEYWORDS .

SOURCE ORGANISM

Eukaryota; Fungi; Dikarya; Ascomycota; Pezizomycotina; Dothideomycetes; Pleosporomycetidae; Pleosporales; Pleosporineae; Pleosporaceae; Alternaria; Alternaria alternata group.

REFERENCE 1 (bases 1 to 572)
AUTHORS Dar,R.A.

TITLE ITS of Alternaria
JOURNAL Unpublished

REFERENCE 2 (bases 1 to 572)
AUTHORS Dar,R.A.

TITLE Direct Submission

JOURNAL Submitted (24-SEP-2015) Dept. of Botany, Dr. Harisingh Gour Central University, Sagar, Indiana 470003, India

COMMENT ##Assembly-Data-START##

Sequencing Technology :: Sanger dideoxy sequencing

##Assembly-Data-END##

FEATURES Location/Qualifiers source
1..572

/organism=" *Alternaria kashmeriana* "/mol_type="genomic DNA"/strain="150b"/isolation_source="leaf"/host= *Platanus orientalis kashmeriana*

/db_xref="taxon:5599"/country="India: Jammu and Kashmir"/lat_lon="33.45 N 76.24 E"/collection_date="15-Mar-2014"

misc_RNA <1..>572/note="contains 18S ribosomal RNA, internal transcribed spacer 1, 5.8S ribosomal RNA, internal transcribed spacer 2, and 28S ribosomal RNA"

ORIGIN

1 ttctccgtag gtgaacctgc ggagggatca ttacacaaat atgaaggcgg gctggaacct
61 ctcggggtta cagccttgct gaattattca cccttgtctt ttgcgtactt cttgtttcct
121 tggtgggttc gcccaccact aggacaaaca tataaacctt ttgtaattgc aatcagcgtc
181 agtaacaaat taataattac aactttcaac aacggatctc ttggttctgg catcgatgaa
241 gaacgcagcg aaatgcgata agtagtgtga attgcagaat tcagtgaatc atcgaatctt
301 tgaacgcaca ttgcgccctt tggtattcca aagggcatgc ctgttcgagc gtcatttgta
361 ccctcaagct ttgcttggtg ttgggcgtct tgtctctagc tttgctggag actcgcctta
421 aagtaattgg cagccggcct actggtttcg gagcgcagca caagtcgcac tctctatcag
481 caaaggtcta gcatccatta agccttttt tcaactttg acctcggatc aggtagggat
541 acccgctgaa cttaagcata tcaataagcg ga

Colletotrichum lillacola sp.nov.

Em meados de setembro de 2015, durante as prospecções micológicas nas florestas da Caxemira do Sul, 33°36'43 "N 75°26'6 "E, foram observados sintomas de antracnose nas amostras recolhidas das 41 plantas infectadas de *Bergenia ligulata* Wall ao longo das cadeias montanhosas dos Himalaias da Índia, em diferentes locais, *nomeadamente* Ramban (12 isolados), Banihal (10), Kupwara (13), Srinagar (15) e Shopian (05) (**Quadro 4.6**). As manchas brancas, ovais e afundadas nas folhas de *Bergenia ligulata* foram detectadas nas primeiras fases de desenvolvimento vegetativo, resultando eventualmente em torção (antracnose) e descoloração das folhas (**figura 4.24**). As porções escuras e zonadas gravemente infectadas resultam em sintomas de morte que, finalmente, levam ao colapso da planta. *A Bergenia ligulata,* uma erva suculenta perene que cresce até 50 cm de altura, é encontrada no Sul e no Leste da Ásia. Na Índia, cresce a grandes altitudes nos Himalaias temperados, geralmente em zonas rochosas e no vale de Caxemira, onde é popularmente conhecida como *Paashaanbhed* (que significa "dissolver a pedra"). O agente patogénico está a ter um efeito letal dramático nas populações naturais de *Bergenia ligulata* na Índia e devem ser impostas medidas de confinamento sólidas para restringir a sua propagação em toda a área natural deste hospedeiro precioso do ponto de vista ecológico, económico e farmacológico.

O ciclo de vida dos agentes patogénicos flutua de acordo com as flutuações das condições ambientais. Durante as estações frias, especialmente durante os períodos de neve (dezembro-março), a ocorrência de fungos é quase nula, mas com o início de condições favoráveis (maio outubro) cresce linearmente, especialmente no mês de outubro, que pode ser considerado a sua época de pico de crescimento. A partir daí, a progressão do crescimento do fungo diminui novamente e todo o ciclo se repete (**Figura 4.25**).

Quadro 4.6: Locais selecionados e estudados mostrando diferentes percentagens de ocorrência de *C. lillacola* sp.nov. em diferentes locais na Índia.

Área inquirido	N.º de plantas observado	N.º de plantas Infestado	% de fungos ocorrência

Ramban	42	12	0.28
Banihal	33	10	0.30
Kupwara	43	13	0.30
Srinagar	45	15	0.34
Shopian	16	05	0.31
Total	**179**	**55**	**0.31**

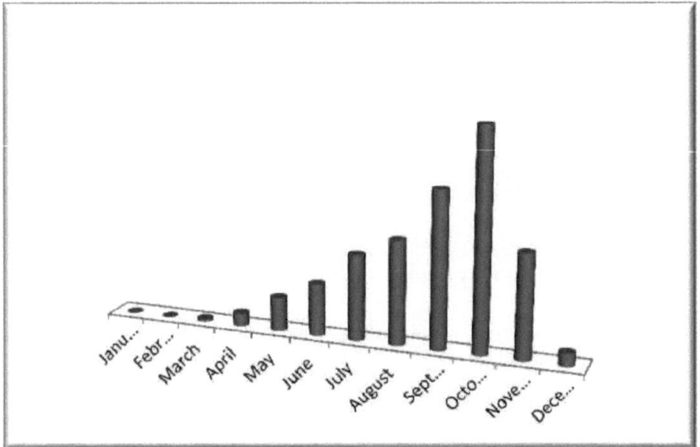

Figura 4.25: A magnitude da ocorrência de *C. lillacola* e a extensão da sua infeção mudam parabolicamente. O outono, quando começa a desfoliação, marca a época de pico da infeção, que começa a diminuir à medida que as temperaturas descem.

Figura 4.24: Sintomatologia de uma folha de *Bergenia ligulata* infetada com *Colletotrichum lillacola*, mostrando manchas brancas, ovais, irregulares e afundadas, que mais tarde se tornam castanho-acinzentadas com a idade e acabam por levar ao colapso.

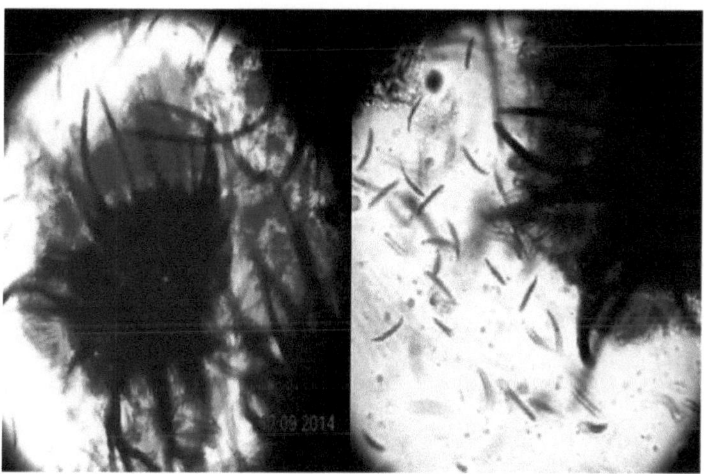

Figura 4.26: Imagens microscópicas de *Colletotrichum lillacola* coradas com azul de algodão de lactofenol tiradas a diferentes resoluções, 10X, 40X e 100X, mostrando as caraterísticas morfológicas preliminares do corpo de frutificação do fungo e conídios em forma de foice.

A microscopia revelou diferentes caraterísticas morfológicas, nomeadamente o comprimento das hifas, a ligação entre o fungo e o hospedeiro, as dimensões dos conídios, etc. O micélio é superficial, ramificado, septado e hialino a castanho escuro.

As colónias têm um crescimento moderadamente rápido e são planas. *C. lillacola* produz conídios hialinos, asseptados, retos, lisos e cilíndricos (variando de 6,5-10,5 x 2,5-4 µm), com extremidades atenuadas ou pontiagudas. As células conidiogénicas são hialinas fialídicas e cilíndricas. Os apressórios são castanhos claros a médios, clavados a obovados com margens lisas e suportados por hifas indiferenciadas. O tamanho das cerdas varia de 42 x 4,2 µm, são castanho-escuras, com paredes espessas, cónicas e geralmente asseptadas (**Figura 4. 26**). Todas estas classificações micotaxonómicas correspondem à descrição de espécies de *Colletotrichum* em geral (Leandro, *et al.*, 2002)

Observações genotípicas

Tampão de extração CTAB utilizado para extrair o ADN. Foram utilizados primers ITS1 (TCCGTAGGTGAACCTGCGG) e ITS4 (TCCTCCGCTTATTGATATGC) para amplificar o gene ITS. Os amplificadores foram visualizados num gel de agarose a 2,5% (**Figura 4.27**). A sequência ITS foi BLAST utilizando a base de dados http://www.ncbi.nlm.nih.gov para obter as semelhanças entre as espécies. A árvore filogenética (árvore de junção de vizinhos) foi construída utilizando o método de agrupamento UPMGMA (Statistics on BioloMICS Ward's minimum variance (tree: Coef. Corr.: 0.13263 N obs: 1128.00000 DF: 1127.00000 T-value: 4.49218 ND P: 0.415813 D P: 0.831627 OTUs na árvore: 48) mostrando a relação dos isolados com outras espécies fúngicas relacionadas recuperadas do GenBank com base na sua sequência das regiões ITS1 e ITS2 do rDNA e valores estatísticos de relação dados por bootstrapping (amostragem aleatória com substituição) utilizando o programa bioinformático phylogeny.lirmm.fr. O segmento da linha inferior com o número numérico '0,5' reflecte o comprimento do ramo que representa uma quantidade de mudança genética (**Figura 4. 28a & b**). O comprimento de um ramo flutua proporcionalmente às diferenças nucleotídicas, e os números indicados nos respectivos ramos reflectem as percentagens de frequências com que um determinado ramo apareceu em diferentes 100

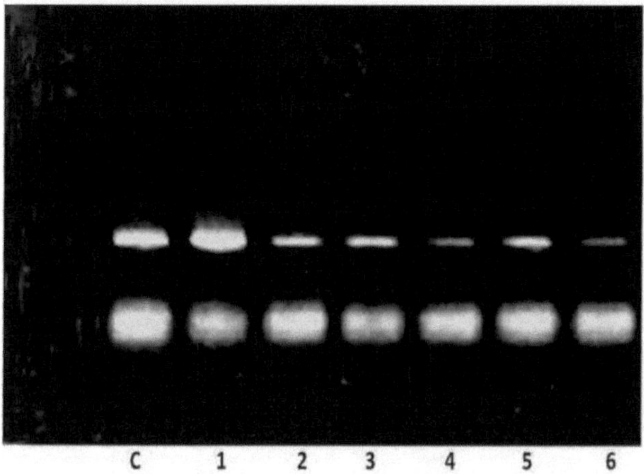

Figura 4.27: ADN ribossómico amplificado pelo Random Amplified Polymorphic DNA (RAPD) utilizando primers ITS1 e ITS4 concebidos a partir da sequência comum às regiões ITS1 e ITS2, optimizando as condições de PCR. Variação no tamanho dos fragmentos de rDNA de diferentes isolados.

Números de acesso da sequência nucleotídica

O número de acesso ao GenBank para a sequência abaixo indicada do produto da região ITS amplificado com os iniciadores ITS1 e ITS4 do isolado 70a de *Colletotrichum lillacola* (NCBI unique submission Id BankIt1858963) foi atribuído ao número de acesso NCBI GenBank

KT825856.

> *Colletotrichum lillacola*
TTTCCTCCGCTTATTGATATGCTTAAGTTCAGCGGGTATTCCTACCTGATCCGAGGT
CAACCTTAGTAAAATTGGGGGTTTTACGGCTAGAGTCCCTCCGAATCCCAATGCGAG
ACGAAATGTTACTACGCAAAGGAGGCTCCGAGAGGGTCCGCCACTACCTTTAAGGGC
CTACGTCAACCGTAGAGCCCCAACACCAAGCAGAGCTTGAGGGTTGAAATGACGCTC
GAACAGGCATGCCCGCCAGAATGCTGGCGGGCGCAATGTGCGTTCAAAGATTCGATG
ATTCACTGAATTCTGCAATTCACATTACTTATCGCATTTCGCTGCGTTCTTCATCGA
TGCCAGAACCAAGAGATCCGTTGTTAAAAGTTTTGATTATTTGCTTGTGTCACTCAG
AAGAAACGTCGTTAAATCAGAGTTTGGTTATCCTCCGGCGGGCGCCCCACCCGCGGA
CGGGAGAGGGCCGGAGACGTCCTTTTTAGGGGACGCCTACCCGCCGAAGCAACAGTT
AAGGTATGTTCACAAAGGGTTGATGAGCGGTAACTCAGTAATGATCCCTCCGCAGGT
TCACCTACGGAG

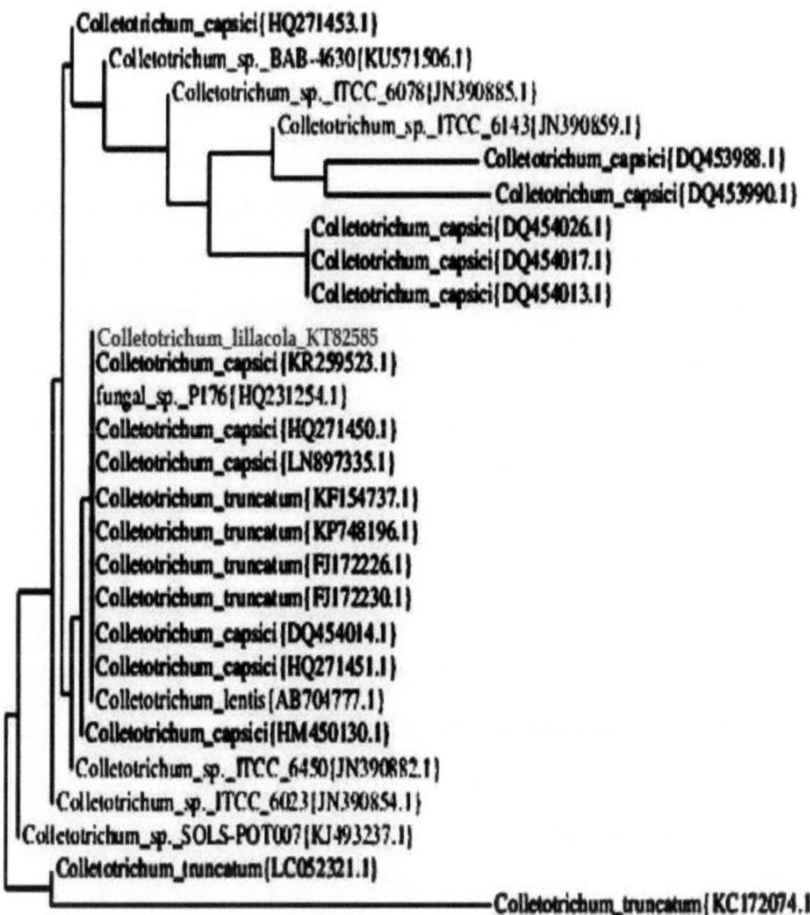

Figura 4.28a. Árvore filogenética (árvore de junção de vizinhos) construída utilizando o método de agrupamento UPMGMA mostrando a relação dos isolados com outras espécies fúngicas relacionadas recuperadas do GenBank com base na sua sequência das regiões ITS1 e ITS2 do rDNA. Estatísticas sobre a árvore de variância mínima de Ward do BioloMICS: Coef. Corr.: 0.13263 N obs: 1128.00000 DF: 1127.00000 Valor T: 4.49218 ND P: 0.415813 D P: 0.831627 OTUs na árvore: 48.

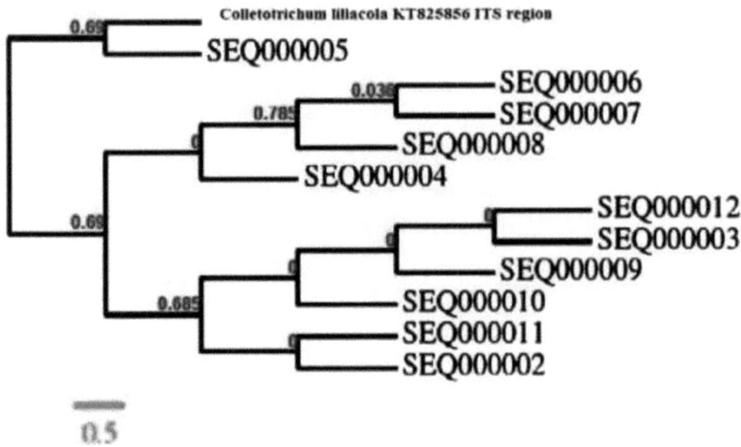

Figura 4.28b: Os ramos que receberam < 60% de apoio bootstrap foram colapsados em politomias, e os ramos longos foram encurtados em 50%, o que é indicado com duas barras diagonais. Os valores de bootstrap são dados para ramos entre culturas, mas não dentro delas. A barra de escala indica o número de substituições por local e o número '0,5' mostra o comprimento do ramo que representa uma quantidade de alteração genética de 0,5, indicada pela linha verde na parte inferior.

SEQ000005 = *Myrmecridium schulzeri*, PWQ2293, N437: Sequência ITS

SEQ000006 = *Colletotrichum graminicola*, região ITS; de material TIPO, CBS 130836

SEQ000007 = *Fusarium oxysporum*, UOA/HCPF 14165, N437: Sequência ITS

SEQ000008 = *Fusarium oxysporum*, WM 07.277, N437: Sequência ITS

SEQ000004 = *Colletotrichum truncatum*, região ITS; de material TIPO, CBS 151.35

SEQ000012 = *Phialemonium atrogriseum*, FMR 10386, N437: Sequência ITS

SEQ000003 = *Fusarium verticillioides*, IHEM 22452, N437: Sequência ITS

SEQ000009 = *Colletotrichum dematium*, região ITS; de material TIPO, CBS 125.25, N

SEQ000010 = *Colletotrichum coccodes*, região ITS; de material TIPO, CBS 369.75, N

SEQ000011 = *Fusarium verticillioides*, IHEM 22767, N437: Sequência ITS

SEQ000002 = *Fusarium sporotrichioides*, UOA/HCPF 6G, N437: Sequência ITS

Pontuação BLAST (resumo do valor E) - Índice de similaridade

Os valores E ou Expect são apresentados na **(Figura 4. 29a & 4. 29b)**

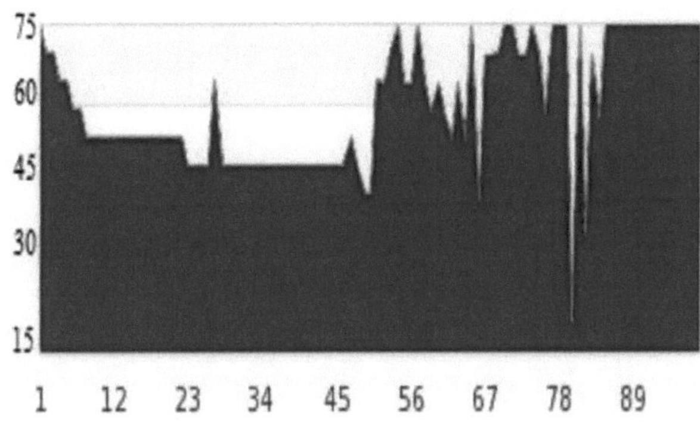

Figura 4.29(a): As pontuações indicam o grau de semelhança entre a sequência de consulta e os hits.

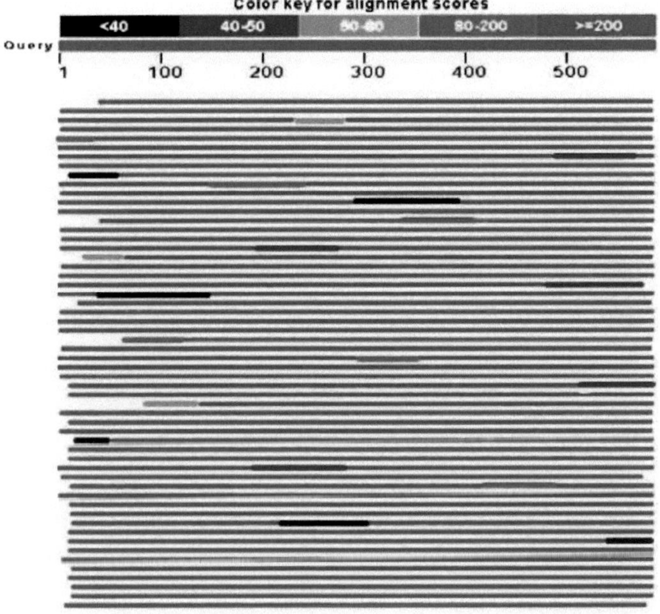

Figura 4.29(b): Pontuações do alinhamento BLAST

GenBank

Colletotrichum Iillacola **sp. 70a gene do ARN ribossómico 18S, sequência parcial; espaçador interno transcrito 1, gene do ARN ribossómico 5.8S e espaçador interno transcrito 2, sequência completa; e gene do ARN ribossómico 28S, sequência parcial**

GenBank: KT825856.1

Go to:
FASTA Graphics

LOCUS KT825856 583 bp DNA linear PLN 08-MAR-2016

DEFINITIO
N *Colletotrichum* sp. 70a 18S ribosomal RNA gene, partial sequence; internal transcribed spacer 1, 5.8S ribosomal RNA gene, and internal transcribed spacer 2, complete sequence; and 28S ribosomal RNA gene, partial sequence.

ACCESSION KT825856

VERSION KT825856.1 GI:1002677723
KEYWORDS .

SOURCE Colletotrichum sp. 70a
ORGANISM Colletotrichum sp. 70a

Eukaryota; Fungi; Dikarya; Ascomycota; Pezizomycotina; Sordariomycetes; Hypocreomycetidae; Glomerellales; Glomerellaceae; Colletotrichum.

REFERENCE 1 (bases 1 to 583)
AUTHORS Dar,R.A.

TITLE ITS Sequence of Colletotricum
JOURNAL Unpublished

REFERENCE 2 (bases 1 to 583)
AUTHORS Dar,R.A.

TITLE Direct Submission

JOURNAL Submitted (24-SEP-2015) Dept. of Botany, Dr. Harisingh Gour Central University, Sagar, Indiana 470003, India

COMMENT ##Assembly-Data-START##Sequencing Technology :: Sanger dideoxy sequencing

##Assembly-Data-END##

FEATURES Location/Qualifiers source
1..583/organism="Clletotr
ichum sp. 70a"/mol_type="genomic
DNA"/strain="70a"/isolation_source="leaf"/host
= *Bergenia*
ligulata/db_xref="taxon:1805484"/country="Indi
a: Jammu and Kashmir"/lat_lon="33.45 N 76.24
E"/collection_date="15-Mar-2014"

misc_RNA <1..>583

/note="contains 18S ribosomal RNA, internal transcribed spacer 1, 5.8S ribosomal RNA, internal transcribed spacer 2, and 28S ribosomal RNA"

ORIGIN

```
  1 ctccgtaggt gaacctgcgg agggatcatt actgagttac cgctcatcaa ccctttgtga
 61 acataccita actgttgctt cggcgggtag gcgtccccta aaaaggacgt ctcccggccc
121 tctcccgtcc gcgggtgggg cgcccgccgg aggataacca aactctgatt taacgacgtt
181 tcttctgagt gacacaagca aataatcaaa actttaaca acggatctct tggttctggc
241 atcgatgaag aacgcagcga aatgcgataa gtaatgtgaa ttgcagaatt cagtgaatca
301 tcgaatcttt gaacgcacat tgcgcccgcc agcattctgg cgggcatgcc tgttcgagcg
361 tcatttcaac cctcaagctc tgcttggtgt tggggctcta cggttgacgt aggcccttaa
421 aggtagtggc ggaccctctc ggagcctcct ttgcgtagta acatttcgtc tcgcattggg
481 attcggaggg actctagccg taaaaccccc aatttacta aggttgacct cggatcaggt
541 aggaataccc gctgaactta agcatatcaa taagcggagg aaa
```

//

Bibliografia

- **Agarwal, G. P., e Sharma, N. D. (1973).** Fungos que causam doenças das plantas em Jabalpur (MP) XIII. Alguns Cercosporae IV. Indian Phytopathology. 26 (2): 295-302.

- **Albertini, J. V., e Schweinitz, L. V. (1805).** Conspectus fungorum in Lusatiae superioris agro niskiensi crescentium e methodo persooniana. *Kummer, Leipzig, Alemanha.*

- **Alexopoulos, C. J., Mims, C. W., e Blackwell, M. (1996).** Introductory mycology. Wiley, Nova Iorque, EUA.

- **Amicucci, A., Zambonelli, A., Giomaro, G., Potenza, L., e Stocchi, V. (1998).** Identificação de fungos ectomicorrízicos do género Tuber por primers ITS específicos da espécie. Molecular Ecology. 7(3): 273-277.

- **Andersen, B., e Thrane, U. (1996).** Differentiation of *Alternaria infectoria* and *Alternaria alternata* based on morphology, metabolite profiles, and cultural characteristics. Canadian Journal of Microbiology. 42 (7): 685-689.

- **Ariyawansa, H. A., Hyde, K. D., Jayasiri, S. C., Buyck, B., Chethana, K. T., Dai, D. Q., e Ghobad-Nejhad, M. (2015).** Notas sobre a diversidade fúngica - contribuições taxonómicas e filogenéticas para os taxa fúngicos. Fungal Diversity. 75(1): 27-274.

- **Asolkar, L. V., Kakkar, K. K., e Chakre, O. J. (1992).** Glossário de plantas medicinais indianas com princípios activos. Direção de Publicações e Informação, Nova Deli, Índia. 166-167.

- **Baker, C.J., Harrington, T.C., Krauss, U., e Alfenas, A.C. (2003).** Variabilidade genética e especialização de hospedeiros no clado latino-americano de *Ceratocystis fimbriata*. Phytopathology. 93:12741284.

- **Bakhshi, M., Arzanlou, M., Babai-ahari, A., Groenewald, J.Z., Braun, U., e Crous, P.W. (2015).** Aplicação do conceito de espécie consolidada a *Cercospora* sp. do Irão. Persoonia. 34: 65-86.

- **Barnett, N. M., e Naylor, A. W. (1966)**. Metabolismo de aminoácidos e proteínas na erva Bermuda durante o stress hídrico. Plant Physiology. 41(7): 1222-1230.
- **Barton, H. (1968)**. Survey research and macro-methodology. American behavioral scientist. 12(2): 1-9.
- **Begerow, D., Bauer, R., e Oberwinkler, F. (1997)**. Phylogenetic studies on nuclear large subunit ribosomal DNA sequences of smut fungi and related taxa. Canadian Journal of Botany. 75(12): 2045-

2056.
- **Beig, M.A., Dar, G.H., Ganai, N.A., e Qazi, N.A. (2008)**. Some hitherto unreported macrofungi from India. Journal of Mycology and Plant Pathology. 38: 208-210.
- **Benaouf, G., e Parisi, L. (2000)**. Genética das relações hospedeiro-patógeno entre *Venturia inaequalis* raças 6 e 7 e espécies de *Malus*. Phytopathology. 90 (3): 236-242.
- **Birch, P.R.J., Sims, P.F.G., e Broda, P. (1992)**. Sequência nucleotídica de um gene de *Phanerochaete chrysosporium* que mostra homologia com o gene facA de *Aspergillus nidulans*. DNA Sequence. 2:319-323.
- **Blackwell, M. (2011)**. Os Fungi: 1, 2, 3 ... 5,1 milhões de espécies? American Journal of Botany 98. (3): *426-438*.
- **Blanz, P. A., e Unseld, M. (1987)**. Ribosomal RNA as a taxonomic tool in mycology. 247-258.
- **Bowen, A. R., Chen-Wu, J. L., Momany, M., Young, R., Szaniszlo, P. J., e Robbins, P. W. (1992)**. Classificação das quitina sintases fúngicas. Actas da Academia Nacional de Ciências dos EUA. 89:519-523.
- **Braun, U. (1993)**. Estudos sobre *Ramularia* e géneros afins. VI. Nova Hedwigia. 56 (3-4): 423-454.
- **Braun, U., e Castaneda, R. (1991)**. Cercospora e géneros afins de Cuba (II).

Botânica Criptogâmica.

- **Braun, U., e Rogerson, C.T. (1993)**. Phytoparasitic hyphomycetes from Utah (U.S.A.). Mycotaxon. 46: 263-274.

- **Braun, U., e Schubert, K. (2006)**. Espécies e novos registos de micromicetes biotróficos da Austrália, Fiji, Nova Zelândia e Tailândia. Fungal Diversity. 22: 13-35.

- **Braun, U., e Sivapalan, A. (1999)**. Cercosporoid hyphomycetes from Brunei. Fungal Diversity. 3:1-27.

- **Braun, U., Crous, P. W., e Nakashima, C. (2014)**. Fungos Cercosporóides (*Mycosphaerellaceae*). Espécies em monocotiledóneas (*Acoraceae* a *Xyridaceae*, excluindo *Poaceae*). IMA Fungus 5: 203-390.

- **Braun, U., Crous, P.W., e Kamal, (2003)**. Novas espécies de *Pseudocercospora, Pseudocercosporella, Ramularia* e *Stenella* (cercosporoid hyphomycetes). Mycological Progress. 2(3): 197-208.

- **Braun, U., Nakashima, C., e Crous, P. W. (2013)**. Fungos Cercosporoides (*Mycosphaerellaceae*). Espécies em outros fungos, *Pteridophyta* e *Gymnospermae.* IMA Fungus. 4: 265-345.

- **Bream F.M., e Lips, K.R. (2008)**. Padrões de infeção por *Batrachochytrium dendrobatidis* entre espécies de anfíbios do Panamá, habitats e elevações durante as fases epizoótica e enzoótica. Doenças de Organismos Aquáticos. 81 (3): 189-202.

- **Bruns, T. D., White, T. J., e Taylor, J. W. (1991)**. Fungal molecular systematics. Annul Reviews of Ecological Systematics. 22:525-564.

- **Butler, E. J. (1905)**. Alguns fungos da floresta indiana. Indian Forester. 31(12): 671-679.

- **Butler, E. J. (1997)**. The fungi of India. Daya Books.

- **Cannon, P. F., Damm, U., Johnston, P. R., e Weir, B. S. (2012).** *Colletotrichum* - estado *atual* e direcções futuras. Studies in Mycology. 73: 181-213.

- **Carlile, M. J., e Watkinson, S. C. (1994)**. The fungi. Academic Press, Ltd.,

Londres, Reino Unido.

- **Carmichael, W., Kendrick, B., Conners, L. e Sigler, L. (1980)**. Genera of Hyphomycetes. University Alberta Press.

- **Chandra, S., Srivastava, N., e Chaudhary, R. (1991)**. Novas espécies de *Sarcinella* da Índia. Indian Phytopathology. 44 (3): 301307.

- **Chauksay, P., Rai, A.N., e Verma, N. (2011)**. Algumas adições aos fungos foliícolas da flora florestal de Madhya Pradesh. Microbial technology and ecology, Daya Publishing House, New Delhi Vol. 1: 268-274.

- **Chupp, C. (1953)**. Uma monografia do género de fungos *Cercospora*. Ithaka, Nova Iorque.

- **Cox, G. M., Rude, T. H., Dykstra, C.C., e Perfect, J. R. (1995)**. O gene da actina de *Cryptococcus neoformans*: estrutura e análise filogenética. Journal of medical and veterinary mycology. 33:261- 266.

- **Crous, P. W., e Braun, U. (2003)**. *Mycosphaerella* e seus anamorfos 1. Nomes publicados em

Cercospora e *Passalora*. Gabinete Central para as Culturas de Cereais (CBS).

- **Crous, P.W., e Wingfield, M.J. (1991)**. *Mycosphaerella marasesii* sp. nov. e seu anamorfo *Pseudocercospora*. Mycological Research. 95: 1108-1112.

- **Cui, B. K., Du, P., e Dai, Y. C. (2011)**. Três novas espécies de *Inonotus* (Basidiomycota, Hymenochaetaceae) da China. Mycological Progress. 10(1): 107-114.

- **Dabinett, E., e Wellman, M. (1978)**. Taxonomia numérica de certos géneros de Fungi Imperfecti e Ascomycotina. Canadian Journal of Botany. 56(17): 2031-2049.

- **Dar, G.H., Beig, M.A., Ganai, N.A., e Qazi, N.A. (2009b)**. Hitherto Unreported Agaricales from Jammu and Kashmir. Journal of Mycology and Plant Pathology. 39(1): 35-38.

- **Dar, G.H., Beig, M.A., Ganai, N.A., Khan, N.A., e Ahangar, F.A. (2009a)**. Hitherto Unreported Pezizales from India. Journal of Mycology and Plant Pathology.

39(2): 244-246.

· **Dar, R. A., Rai, A. N., e Shiekh, I. A. (2016)**. Primeiro relatório de mancha branca de maçã causada porTrichothecium *kashmeriana* na Índia. Arquivos de Fitopatologia e Proteção de Plantas. 50: 1-10.

· **Dar, R. A., Rai, A. N., e Surywanshi, J. (2014)**. Cinética comparativa e efeito de diferentes meios no crescimento de três fungos foliícolas *Alternaria alternata*, *Trichothecium roseum* e *Fusarium oxysporium*. International Journal of Botany and Research. 4 (2):1-10.

· **Dar, R. A., Rai, A. N., Reshi, M.I., Shiekh, I. A., e Surywanshi, J. (2015)**. Primeiro relatório de *Helicoceras celtidis* causando doença foliar de *Celtis australis* de Jammu e Caxemira, Índia. Jornal Austríaco de Micologia. 24: 1-10.

· **Das, A.K. (1991)**. Duas novas espécies de *Pseudocercospora* de Bengala Ocidental. Journal of Mycopathological Research. 29: 23-30.

· **David, S., Hibbett, A., Ohman, D., Glotzer, M.N, Paul, K.R., e Henrik, N. (2011)**. Progresso na descoberta de táxons moleculares e morfológicos em Fungi e opções para a classificação formal de sequências ambientais. Fungal biology reviews. 25: 38-47.

· **de Hoog, G. S., e Gerrits van den Ende, H. G. (1998)**. Diagnóstico molecular de estirpes clínicas de Basidiomycetes filamentosos. Mycoses. 41: 183-189.

· **de Hoog, G. S., e J. Guarro. (1995)**. Atlas de fungos clínicos. Centraalbureau voor Schimmelcultures, Baarn, Países Baixos.

. **Dean, R. A., Talbot, N. J., Ebbole, D. J., Farman, M. L., Mitchell, T. K., Orbach, M. J., e Read, N. D. (2005)**. Sequência do genoma do fungo da brusone do arroz *Magnaporthe grisea*. Nature. 434 (7036): 980-986.

· **Dean, R., Van Kan, J. A., Pretorius, Z. A.,** Hammond-Kosack, **K. E., Di Pietro, A., Spanu, P. D., e Foster, G. D. (2012)**. Os 10 principais patógenos fúngicos em patologia molecular de plantas. Patologia molecular de plantas. 13(4): 414-430.

Deighton, F.C. (1971). Bolor castanho da *Canavalia* causado por *Stenella canavaliae* comb. nov. Transactions of the British Mycological Society. 58: 411-418.

Deighton, F.C. (1990). Uma nova espécie de *Cladosporium* que causa manchas foliares em *Cercestis* na Serra Leoa. Mycological Research. 94 (4): 570.

Doveri, F. (2013). Uma atualização adicional sobre o género *Chaetomium* com descrições de duas espécies copróﬁlas, novas em Itália. Mycosphere. 4(4): 820-846.

Dubey, R.K., Firdousi, S.A., Rai, A.N., e Vyas, K.M. (1990). *Pseudocercospora gymnosporia* sp. nov. da Índia. Mycological Research. 94 (7): 1004-1005.

Ehrenberg, G. (1818). Sylvae mycologicae berolinenses. Formas de Theophilus Bruschcke.

Ellis, M.B. (1967). Dematiaceous Hyphomycetes VIII. Mycological Papers. 111: 1-46.

Ellis, M.B. (1971). Dematiaceous Hyphomycetes, CMI, Kew Inglaterra.

Ellis, M.B. (1972). Dematiaceous Hyphomycetes XI. Mycological Papers, Kew England. 82: 1-55.

Ellis, M.B. (1976). More Dematiaceous Hyphomycetes. CMI, Kew, Inglaterra.

Engelbrecht, C.J., e Harrington, T.C. (2004). Inter esterilidade, morfologia e taxonomia de *Ceratocystis fimbriata* em batata-doce, cacau e plátano. Mycologia. 97:57-69.

Engelbrecht, C.J., Harrington, T.C., Steimel, J., e Capretti, P. (2001). Variação genética no leste da América do Norte e populações putativamente introduzidas de *Ceratocystis fimbriata* f. *platani*. Molecular Ecology. 13:2995-3005.

Figueras, M. J., Guarro, J., e Dijk, F. (1988). Estrutura de rodlet na superfície de esporos *de Chaetomium*. Microbios. 53:101-107.

Fincham, J.R. (1989). Transformação em fungos. Microbiological Reviews. 53 (1): *148-170*.

Firdousi, S.A., Rai, A.N., e Vyas, K.M. (1991). Novas espécies de *Cercospora* em Monocotyledons da Índia. Indian Phytopathology. 44 (2): 225-227.

- **Firdousi, S.A., Rai, A.N., e Vyas, K.M. (1992).** *Mycovellosiella adanae* sp. nov. da Índia. Indian Phytopathology. 45 (4): 451-452.

- **Firdousi, S.A., Rai, A.N., e Vyas, K.M. (1993).** Uma nova espécie de *Pseudocercospora* da Índia. Indian Phytopathology. 45 (4): 449451.

- **Firdousi, S.A., Rai, A.N., e Vyas, K.M. (1994).** Novas espécies de *Cercospora* da Índia. Kavak. 9 (1-2): 32-33.

- **Fleming, A. (1928).** A descoberta da penicilina. British Medical Bulletin. 2(1): 4-5.

- **Fries, E. M. (1821).** Systema mycologicum. Ex Officina Berlingiana, Lund e Greifswald.

- **Fries, M., e Sieurin, J. M. (1836).** Synopsis generis lentinorum.

- **Fuckel, L. (1869).** Symbolae mycologicae, Contribuições para o conhecimento dos cogumelos do Reno.

- **Gadpandey, K.K., Sharma, C.D., Dwivedi, D.K., e Rai, A.N. (1995).** Alguns novos hifomicetos parasitas finais de M.P. Indian Journal of living world. 2 (2): 69-80.

- **Ganguly, D., e Pandotra, V.R. (1963).** Mycopathologia et Mycologia Applicata. 20: 39- 48.

- **Giambattista della Porta (1588).** O filósofo, retórico e cientista Franco Angeli.

- **Goh, T.K., Hyde, K.D., e Umali, T. E. (1998).** Duas novas espécies de *Diplococcium* dos trópicos. Mycologia. 90 (3): 514-517.

- **Golenberg, E. M., Giannasi, D. E., Clegg, M. T., Smiley, C. J., Durbin, M., Henderson, D., e Zurawski, G. (1990).** Sequência do ADN do cloroplasto de uma espécie de *Magnolia* do mioceno. Nature. 344:656658.

- **Gortari, M. C., e Hours, R. A. (2008).** Quitinases fúngicas e seu papel biológico no antagonismo de ovos de nematóides. Uma revisão. Mycological Progress. 7(4): 221-238.

- **Graser, Y., El Fari, M., Vilgalis, R., Kuijpers, F. A., de Hoog, G. 5.1, Presber, W., e Tietz, H.J. (1991)**. Filogenia da família Arthrodermataceae usando análise de sequência da região ITS ribossómica. Biologia Molecular Evolução.

- **Gryzenhout, M., Wingfield, B.D., e Wingfield, M.J. (2006)**. Novos conceitos taxonómicos para o importante agente patogénico florestal *Cryphonectria parasitica* e fungos relacionados. FEMS Microbiology Letters. 258 (2): 161-172.

- **Guadet, J., Julien, J., Lafay, J. F., e Brygoo, Y. (1989)**. Phylogeny of some *Fusarium* species as determined by large subunit rRNA sequence comparison. Molecular Biology and Evolution. 6:227-242.

- **Guillot, J., e Gueho, E. (1995)**. A diversidade das leveduras *Malassezia* confirmada por comparações entre a sequência de rRNA e o ADN nuclear. Antonie Leeuwenhoek International Journal of Genetics. 67:297-314.

- **Gunnell, P. S., e Gubler, W. D. (1992)**. Taxonomia e morfologia de espécies de *Colletotrichum* patogénicas para o morangueiro. Mycologia. 157-165.

- **Guo, Y.L., e Liu, X.J. (1991)**. Estudos sobre o género *Pseudocercospora* na China V. Mycosystema. 4: 99-118.

- **Hall, J.L., e Hawes, C.H. (1991)**. Electron Microscopy of Plant Cells. Academic Press, Nova Iorque e Toronto.

- **Harmsen, M.C., Schuren, F. H., Moukha, S.M., van Zuilen, C. M., Punt, P. J., e Wessels, J. G. (1992)**. Sequence analysis of the glyceraldehyde- 3-phosphate dehydrogenase genes from the basidiomycetes *Schizophyllum commune*, *Phanerochaete chrysosporium* and *Agaricus bisporus*. Current Genetics. 22:447-454.

- **Hasnain, S. M., Alfrayh, A., Thorogood, R., Harfi, H. A., e Wilson, J. D. (1989)**. Periodicidade sazonal de alergénios fúngicos na atmosfera de Riade. Anais da Medicina Saudita. 9(4): 337-343.

- **Hassouna, N., Michot, B., e Bachelleire, J. (1984)**.A sequência completa de nucleótidos do gene 28S rRNA do rato. Implicações para o processo de aumento de tamanho da subunidade grande do rRNA em eucariotas superiores. Nucleic Acids Research. 8:3563-3583.

- **Hawksworth, D.L. (2001)**. The magnitude of fungal diversity: the 1.5 million species estimate revisited. Mycological Research. 105: 14221432.

- **Hawksworth, D.L. (1991)**. A dimensão fúngica da biodiversidade: magnitude, significado e conservação. Mycological Research. 95: 641-655.

- **Hendriks, L., Goris, A., van de Peer, J., Neefs, J.M., Vancanneyt, M., Kersters, K., Berny, J.F.G., Hennebert, L., e De Wachter, R. (1992)**. Relações filogenéticas entre ascomicetes e leveduras semelhantes a ascomicetes, deduzidas a partir de pequenas sequências de RNA da subunidade ribossómica. Systematic and Applied Microbiology. 15: 98-104.

- **Hibbett, D. S. (1992)**. Ribosomal RNA and fungal systematics. Transactions of the Mycological Society of Japan. 33:533-556.

- **Hibbett, D. S., Ohman, A., Glotzer, D., Nuhn, M., Kirk, P., e Nilsson, R. H. (2011)**. Progresso na descoberta de táxons moleculares e morfológicos em Fungi e opções para a classificação formal de sequências ambientais. Fungal Biology Reviews. 25(1):38-47.

- **Hirayama, K., Hashimoto, A., e Tanaka, K. (2014)**. Uma nova espécie, *Lophiostoma versicolor*, do Japão (Pleosporales, Dothideomycetes). Mycosphere. 5(3): 411-417.

- **Horn, E., e Snow, R. (1980)**. Derivados de coordenação de perclorato e difluorofosfato de carbonilo de rénio. Australian Journal of Chemistry. 33(11): 2369-2376.

- **Hosagoudar, V.B. (1986)**. *Phyllochora brataprajii* sp. nov. de Kerala. Indian Phytopathology. 40 (3): 396-397.

- **Hosagoudar, V.B., e Braun, U. (1995)**. Dois novos Hyphomycetes indianos. Indian Phytopathology. 48 (3): 260-262.

Hughes, S.J. (1951). Estudos sobre microfungos. XII. *Triposporium, Tripospermum, Ceratosporella, Tetrasporium.* (Gen.nov.) CMI, Mycological Papers. 46: 1-35.

Hughes, S.J. (1953a). Some foliicolous hyphomycetes. Mycological Papers. 31:560-576.

Hughes, S.J. (1953b). Conidiophores, conidia and classification. Mycological Papers. 31: 577- 659.

Hughes, S.J. (1958). Revision hyphomycetes alliqot cum appendice de nominibus rejiciendis. Mycological Papers. 36: 727-836.

Hughes, S.J. (1959). Ponto de partida para a nomenclatura dos hifomicetos. Taxon. 8: 96-103.

Hughes, S.J. (1971). Porcurrent proliferation in fungi, algae and Mosses. Mycological Papers. 49: 215-231.

Hughes, S.J. (1983). Five species of *Sarcinella* from North- America with notes on *Cuestieriellan.* gen., *Mitteriella, Endophragmiopsis, Schiffnerula* and *Clypeolella.* Mycological Papers. 61 (6): 1727-1767.

Hughes, S.J. (1989). New Zealand fungi 33. Algumas espécies novas e um novo registo de Dematiaceous Hyphomycetes. New Zealand Journal of Botany. 27: 449-459.

Hughes, S.J. (2001). Capnoky ma rossmanae, uma nova espécie de fungos fuliginosos. Mycologia. 93 (3): 603-605.

Jayasiri, S. C., Hyde, K. D., Ariyawansa, H. A., Bhat, J., Buyck, B., Cai, L., e Jeewon, R. (2015). O banco de dados Faces of Fungi: nomes de fungos ligados à morfologia, filogenia e impactos humanos. Fungal diversity. 74(1): 3-18.

Josep, G., Josepa, G., e Alberto, M. S.T (1999). Desenvolvimentos na Taxonomia Fúngica. Clinical microbiology reviews. 12(3): 454-500.

Julius, D. H. (1790). Fvngi Mecklenbvrgenses selecti.

Kamal e Narayan, P. (1986). Fungi from hilly tracks of Uttar Pradesh. I. Indian

Phytopathology. 39: 198-203.

- **Kamal e Singh, R.P. (1978).** Fungi of Gorakhpur IV. Ata Botanica Indica. 6: 188-189.

- **Kamal, Kumar, P., e Shukla, D.N. (1982).** Fungi of Gorakhpur XXXVIII. Indian Journal of Mycology and Plant Pathology. 12 (2): 160-163.

- **Kamal, Moses, A., e Chowdhury, P. (1992).** Duas novas espécies e uma nova combinação em *Phaeoramularia* da U.P. Índia. Mycological Research. 94 (5): 714-717.

- **Kamal, Rai, A.N., e Moses, A.S. (1991).** Algumas espécies novas e combinações em *Pseudocercospora* da Índia. Mycological Research. 95 (4): 401-404.

- **Keith, A. S. (2009).** Progresso em direção ao código de barras de DNA de fungos. Recursos de Ecologia Molecular. 9: 83-89.

- **Kendrick, W.B. (1971).** Taxonomia de Fungi Imperfecti. University of Toronto Press, Toronto.

- **Khan, M.K., Budathoki, U., e Kamal (1994).** Novos hifomicetos foliícolas do vale de Kathmandu, Nepal. Indian Phytopathology. 44: 21-29.

- **Kirk, P.M., Cannon, P.F., Minter, D.W., e Stalpers, J.A. (2008).** Dictionary of the Fungi, 10th edition. CAB International, Wallingford, Reino Unido.

- **Kirk, P.M., Cannon, P.F., David, J.C., e Stalpers, J.A. (2001).** Ainsworth and Bisby's Dictionary of the Fungi, 9th Edition. CABI Publishing.

- **Kirtikar, K. R., e Basu, B. D. (1918).** Indian medicinal plants. Indian Medicinal Plants.

- **Koch, R., (1876).** Studies on bacteria V. The etiology of anthrax disease, based on the developmental history of *Bacillus anthracis*. Milestones in Microbiology. 2: 277-310.

- **Kohn, L. M. (1992).** Desenvolvimento de novos caracteres para a sistemática de fungos, uma abordagem experimental para determinar o grau de resolução. Mycologia.

84:139-153.

- **Krappmann, S. (2017).** CRISPR-Cas9, o novo garoto no bloco da biologia molecular de fungos. Micologia Médica. 55(1): 16-23.

- **Kurtzman, C. P. (1994).** Molecular taxonomy of the yeasts. Yeast. 10:1727-1740.

- **Kurtzman, C. P., e Fell, J. W. (1998).** The yeasts, a taxonomic study, 4th edition. Elsevier Science B.V., Amesterdão, Países Baixos.

- **Lane, L., Simon, S., Stickel, T., Szaro, M., Weisburg, W. G., e Sogin, M. L. (1992).** Evolutionary relationships within the fungi: analyses of small subunit ribosomal DNA sequences. Applied and Environmental Microbiology. 61:681-689

- **Lawrence, D. P., Rotondo, F., e Gannibal, P. B. (2016).** Biodiversidade e taxonomia do género pleomórfico *Alternaria*. Mycological Progress. 15(1): 1-22.

- **Le Calvez, T., Burgaud, G., Arzur, D., Vandenkoornhuyse, P., e Barbier, G. (2009).** Diversidade de fungos filamentosos marinhos cultiváveis de fontes hidrotermais de águas profundas. Environmental Microbiology. 11(6):1588-1600.

- **Leandro, L. F., Gleason, M. L., Wegulo, S. N., e Nutter, F. W. (2002).** Efeitos de extractos de plantas de morango na conidiação e produção de apressórios por *Colletotrichum acutatum*. Phytopathology. 92:45.

- **Link, F. (1809).** Observações sobre a ordem natural das plantas: As ordens Ima abraçando anandria são epífitas, Mucedinei gastromycos e cogumelos.

- **Linnaeus, C. (1737).** Genera plantarum". *Lugduni batavorum: C. Wishoff.*

- **Linnaeus, C. V. (1735).** *Systema Naturae. Leiden: Haak.*

- **Linnaeus, C. V. (1735).** *Systema Naturae. Leiden: Haak.*

- **Linnaeus, C. V. (1737).** Flora lapponica. *Pl. XII.* Amstelaedami, 1737, 372.

- **Linnaeus, C. V. (1753).** Species plantarum, 2 vols. *Laurentii Salvii, Holmiae.*

- **Linnaeus, C. V. e Clifford, G. (1737).** Hortus cliffortianus.

· **Linne, C., e George, C. (1737b).** "Hortus cliffortianus".

· **Liu, J. K., Hyde, K. D., Jones, E. G., Ariyawansa, H. A., Bhat, D. J., Boonmee, S., e Shenoy, B. D. (2015).** Notas de diversidade fúngica: contribuições taxonómicas e filogenéticas para espécies de fungos. Fungal Diversity. 72(1): 1-197.

· **LoBuglio, K. F., Pitt, J. Y., e Taylor, J. W. (1994).** A análise filogenética de duas regiões do ADN ribossómico indica múltiplas perdas independentes de um estado sexual de *Talaromyces* entre espécies assexuadas de *Penicillium* no subgénero *Biverticillium*. Mycologia. 85:592604.

· **Lutzoni, F., Kauff, F., Cox, C. J., McLaughlin, D., Celio, G., Dentinger, B., e Grube, M. (2004).** Montagem da árvore da vida dos fungos: progresso, classificação e evolução de caraterísticas subcelulares. American journal of botany. 91(10): 1446-1480.

· **Madelin, L. (1949).** *Histoire du Consulat et de l'Empire: La catastrophe de Russie. XII* (Vol. 12). leysas.

· **Madelin, M., e Campbell, K., (1985).** Conidiogénese de fungos patogénicos para o homem. CRC Critical reviews in microbiology. 12(4): 321-341.

· **Maresca, B., e Kobayashi, G. S. (1994).** Molecular biology of pathogenic fungi. Telos Press, Nova Iorque.

· **Martius, K., Nees, E., e Christian, D. (1817).** "*Flora Cryptogamica earlangensis*".

· **McLaughlin, D.J., McLaughlin, E.G., e Lemke, P.A. (2001a).** The Mycota, um tratado avançado sobre fungos como sistemas experimentais para investigação básica e aplicada. Systematics and evolution. Springer Verlag, Berlim, Heidelberg, Nova Iorque.

· **McLaughlin, D.J., McLaughlin, E.G., e Lemke, P.A., (2001b).** The Mycota, um tratado avançado sobre fungos como sistemas experimentais para investigação básica e aplicada. Systematics and evolution. Springer Verlag, Berlim, Heidelberg, Nova Iorque.

- **Mehrotra, M.D. (1991).** *Pseudocercospora caiseri*, nova espécie causadora de uma mancha foliar necrótica de *Erythrina*. European Journal of Plant Pathology. 21: 124-126.

- **Mehrotra, M.D., e Verma, R.K. (1991).** Alguns novos hifomicetos associados a manchas foliares das árvores da Índia. Mycological Research. 99: 1163-1168.

- **Micheli, P. (1729).** Nova Plantarum Genera. Bulletin du Jardin botanique de l'Etat, Bruxelles/Bulletin van den Rijksplantentuin, Brussel. 773-777.

- **Mishra, K. K., e Singh, R. P. (2012).** Avaliação de isolados indígenas de Ganodermal lucidum de Uttarakhand para crescimento e rendimento. Journal of Mycology and Plant Pathology. 42 (1): 136-140.

- **Morgan-Jones, G. (1988a).** Notas sobre Hyphomycetes-LX. *Corynespora matuszakii* um patógeno foliar não descrito de *Jaequemontia tamnifolia*. Mycotaxon. 33: 483-487.

- **Morgan-Jones, G. (1988b).** Notas sobre Hyphomycetes - LIX. *Curvularia bannonis* sp. nov. Mycotaxon. 33: 407-412.

- **Morgan-Jones, G. (1998).** Notas sobre Hyphomycetes. LXXIV. Relativamente a *Parastenella magnoliae*, a sua afinidade filogenética e a relação entre esta e o seu hospedeiro *Magnolia grandiflora*. Mycotaxon.

LXIV: 421-429.

- **Mulder, J. L. (1982).** Novas espécies e combinações em Stenella. Transactions of the British Mycological Society. 79(3): 469-478.

- **Naidu, P.S., Zhang, Y.Z., e Reddy, C. A. (1990).** Caracterização de um novo gene de lignina peroxidase (GLC6) de *Phanerochaete chrysosporium*. Biochemical and Biophysical Research Communications. 173:994-1000.

- **Nees, E. (1816).** O sistema dos cogumelos e das esponjas. Wuerzburg: Livraria Stahelian.

- **Nobbe, B., Denk, U., Poll, V., Rid, R., e Breitenbach. M. (2008).** O espetro da alergia a fungos. Arquivos Internacionais de Alergia e Imunologia. 145 (1): *58-86.*

- **O'Donnell, K. (1992).** Os espaçadores transcritos internos do ADN ribossómico são altamente divergentes no ascomicete fitopatogénico *Fusarium sambucinum* (*Gibberella pulicaris*). Current Genetics. 22:213-220.

- **O'Brien, H. E., Parrent, J. L., Jackson, J. A., Moncalvo, J. M., e Vilgalys, R. (2005).** Análise da comunidade fúngica por sequenciação em larga escala de amostras ambientais. Applied and environmental microbiology. 71(9): 5544-5550.

- **Ocasio-Morales, R. G., Tsopelas, P., e Harrington, T. C. (2007).** Origem de *Ceratocystis platani* em *Platanus orientalis nativo na* Grécia e seu impacto nas florestas naturais. Plant Disease. 91(7): 901-904.

- **Panconesi, A. (1999).** Mancha de cancro do plátano: um perigo grave para as plantações urbanas na Europa. Journal of Plant Pathology. 81:3-15.

- **Pandotra, V.R. (1966).** Notes on fungi of Jammu and Kashmir - 1. Actas da Academia Indiana de Ciências. 64 B: 68-73.

- **Paoletti, M., Buck, K.W., e Brasier, C.M. (2006).** Aquisição selectiva de novos tipos de acasalamento e genes de incompatibilidade vegetativa através da transferência de genes interespécies no eucariota invasor global *Ophiostoma novo-ulmi*. Molecular Ecology. 15 (1): *249-262.*

- **Park, M. J., Cho, S. E., Piatek, M., e Shin, H. D. (2016).** Primeiro relatório de oídio causado por *Erysiphe macleayae* em *Macleaya microcarpa* na Polónia. Mycological Progress. 15. 4.

- **Parthasarathy, C.K. (1999).** Taxonomia avançada da classe dos fungos Deuteromycetes - Um novo sistema. Journal of mycology and plant pathology. 29 (2): 281.

- **Persoon, C. H. (1801).** Catalogus Plantarum Fungorum: detectarum foi elevado a uma listagem das espécies até chegar aqui, e nas nossas observâncias sinónimo de uma breve descrição, bem como a seleção. H. Dieterich.

Peterson, S. W. (1991). Análise filogenética de espécies de *Fusarium* utilizando a comparação de sequências de ARN ribossómico. Phytopathology. 81:1051-1054.

Piatek, M., Vànky, K., Mossebo, D. C., e Piatek, J. (2008). Doassansiopsis caldesiae sp. nov. e Doassansiopsis tomasii: dois notáveis fungos do carvão dos Camarões. Mycologia. 100 (4): 662- 672.

Prasad, S.S., e Verma, R. A. (1970). Um novo género de Moniliales da Índia. Indian Phytopathology. 23:111-113.

Qasba, G. N., Dar, G. N., e Shah, A. M. (1981). Duas doenças de plantas não registadas na Índia. Indian Phytopathology. 34(3): 390-392.

Rai, A. N. (1989). Uma nova espécie de *Stenella* da Índia. Mycological research. 93(3): 398-399.

Rai, A. N., e Kamal (1982). Uma nova espécie de *Pseudocercospora Speg*. Current Science. 51: 287-288.

Rai, A. N., Rai, B., e Kamal (1986). Uma nova espécie de Mycovellosiella Rangel. Current Science. 55: 798-799.

Rai, A.N., e Rai, B. (1995). Dois novos hifomicetos da Índia. Investigação micológica. 99 (8): 1004-1006.

Rajbhandari, M., Wegner, U., Schoepke, T., Lindequist, U., e Mentel, R. (2003). Inhibitory effect of *Bergenia ligulata* on influenza virus A. Die Pharmazie: an international journal of pharmaceutical sciences. 58(4): 268-271.

Rambold, G., Stadler, M., e Begerow, D. (2013). A micologia deve ser reconhecida como um campo da biologia ao nível dos olhos de outras disciplinas importantes - um memorando. Mycological progress. 12(3): 455-463.

Rao, N. K., e Manoharachary, C. (1988). Uma nova espécie de Pithomyces em folhagem de AP, Índia. Transacções da Sociedade Britânica de Micologia. 91(2): 349-352.

Riggs, W., e Mims, C. W. (2000). Ultra-estrutura do desenvolvimento de clamidósporos no fungo fitopatogénico *Thielaviopsis basicola*. Mycologia, 123-129.

- **Robbertse, B., e Tatusova, T. (2011)**. Recursos do genoma fúngico no NCBI. 2 (3): 142-160.

- Rodriguez-Echeverria, **S., Teixeira, H., Correia, M., Timoteo, S., Heleno, R., Opik, M., e Moora, M. (2017)**. Comunidades de fungos micorrízicos arbusculares da África tropical revelam forte estrutura ecológica. New Phytologist. 213(1): 380-390.

- **Rossman, A. Y., Crous, P. W., Hyde, K. D., Hawksworth, D. L., Aptroot, A., Bezerra, J. L., e Camporesi, E. (2015)**. Nomes recomendados para géneros pleomórficos em Dothideomycetes. IMA fungus. 6(2): 507-523.

- **Rost, Y.J., Ploch, S., Choi, C., Shin, H.D., Schilling, E., e Thines, M. (2010)**. A evolução da diversidade em *Albugo* é impulsionada por uma elevada especificidade do hospedeiro e por múltiplos eventos de especiação em Brassicaceae estreitamente relacionadas. Molecular phylogenetics and evolution. 57(2): 812-820.

- **Saccardo, P. A. (1901)**. Sylloge Fungorum de todos os até agora conhecidos.

- **Sankaran, K.V., e Sutton, B.C. (1991)**. *Pseudocercosporella tetradeniae* sp. nov. em folhas de *Tetradenia* do Zimbabué. Mycological Research. 95 (8): 1013-1024.

- **Schewintz, A. (1822)**. Os príncipes da Estíria. Editora própria da Historisches Landes-Commission. 17: 1421-1546.

- **Schoch, C. L., Seifert, K. A., Huhndorf, S., Robert, V., Spouge, J. L., Levesque, C. A., e Miller, A. N. (2012)**. Região do espaçador transcrito interno ribossómico nuclear (ITS) como marcador universal de código de barras de ADN para Fungi. Actas da Academia Nacional de Ciências. 109(16): 6241- 6246.

- **Sharma, C.D., Rai, A.N., e Vyas, K.M. (1995)**. Dois novos táxons de dematiáceas foliáceas de M.P. Indian Phytopathology. 48 (4): 412-418.

- **Sharma, I.M. (2010)**. Efeito antagónico de fungos associados a lesões de sarna da maçã no crescimento do seu agente patogénico *Venturia inaequalis*. Research Journal of Agricultural Sciences. 1: 245-248.

- **Sharma, R., e Kaushal, R.P. (2000)**. Identificação de genótipos de feijão-caupi com resistência horizontal a *Colletotrichum truncatum*, um agente patogénico da mancha foliar. Indian Phytopathology. 53 (2): 202- 205.
- **Singh, A., Bhalla, K., Dubey, R., e Singh, S.K. (2000)**. Adições a *Corynespora* da Índia. Journal of Indian Botanical Society. 79: 185-190.
- **Singh, A., Kharwar, R.N., Singh, R., e Kumar, S. (2014)**. Uma nova espécie de *Zasmidium* (Mycosphaerellaceae) da Índia. Sydowia. 66 (2): 309-312.
- **Sokal, R. R., e Sneath, P. H. (1963)**. Principles of numerical taxonomy (Princípios de taxonomia numérica). Princípios de taxonomia numérica.
- **Stearn, W. T. (1959)**. The background of Linnaeus's contributions to the nomenclature and methods of systematic biology. Systematic Zoology. 8(1): 4-22.
- **Subramanian, C. V. (1952)**. Fungi isolated and recorded from Indian soils. Journal of the Madras University B. 22: 206-222.
- **Subramanian, C. V. (1983)**. Taxonomia e biologia de Hyphomycetes.
- **Subramanian, C. V., e Ramakrishnan, K. (1956)**. Ciliochorella Sydow, Plagionema Subram. e Ramakr., e Shanoria gen. nov. Transactions of the British Mycological Society. 39(3): 314- 318.
- **Subramanian, C. V., e Ramakrishnan, K. (1956)**. Lista de fungos indianos. Publicações Emkay.
- **Subramanian, C.V. (1962)**. A classificação dos Hyphomycetes. Nelumbo. 4(1-4): 249-259.
- **Subramanian, C.V. (1962a)**. The classification of the Hyphomycetes. Current Science. 31: 409- 411.
- **Subramanian, C.V. (1962b)**. A classificação de Hyphomycetes. Bulletin of the Botanical Survey of India. 4: 249-259.
- **Subramanian, C.V. (1965)**. Tipos de esporos na classificação de Hyphomycetes. Mycopathologia Et Mycologia Applicata. 26: 373384.

- **Subramanian, C.V. (1971)**. Hyphomycetes. Uma descrição das espécies indianas, exceto Cercosporae. I.C.A.R. Nova Deli.
- **Sutton, B.C. (1973)**. Hyphomycetes de Manitoba e Saskatohewan, Canadá. Mycological Papers. 132: 143pp.
- **Sutton, B.C. (1974)**. Coelomicetos diversos em *Eucalyptus*. Nova Hedwigia. 25: 161-172.
- **Sutton, B.C. (1975)**. Coelomycete V. *Corymeum*. Mycological Papers. 138: 224. pp.
- **Sutton, B.C. (1977)**. Coelomycete VI. Nomenclatura dos nomes genéricos propostos para Coelomycetes. C.M.I. Mycological Papers. 141: 1-253.
- **Sydow, H., Sydow, P., e Butler, E. (1916)**. Fungi Indiae Orientalis V. Annual Mycology.
- **Thakur, V.S., e Sharma, R.D. (1999)**. Apple scab and its management, diseases of horticultural crops. Diseases of horticultural crops and fruits, Indus publication co. New Delhi.
- **Thines, M. (2014)**. Filogenia e evolução de oomicetos patogénicos para plantas - uma visão global. Jornal Europeu de Patologia Vegetal. 138(3): 431-447.
- **Thirumalachar, M.J., e Lacy, R.C. (1951)**. Notas sobre alguns fungos indianos I. Sydowia. 5:124- 128.
- **Tsopelas, P., e Angelopoulos, A. (2004)**. Primeiros relatos da doença da mancha de cancro em plátanos, causada por *Ceratocystis fimbriata* f. sp. *platani* na Grécia. Patologia Vegetal. 53:531.
- **Tsopelas, P., Harrington, T.C., Angelopoulos, A., e Soulioti, N. (2006)**. Doença da mancha de cancro do plátano oriental na Grécia. Páginas em: Proc. 12th Congr. Mediterr. Phytopathol. União. E. Tjamos e E Paplomatas eds. Ilha de Rodes, Grécia. 55-57.
- **Tubaki,K. (1957)**. Estudos biológicos e culturais de três espécies de Protomyces.

Mycologia. 49(1): 4454.

Tubaki, K., e Institue, N. (1958). Estudos sobre os Hyphomycetes japoneses. Grupo de folhas e caules com uma discussão sobre a classificação de Hyphomycetes e os seus estádios perfeitos. Jornal Hattori Botanical

Tulasne, L. R. C. (1861-65). *Seleta fungorum carpologia* 3.

Tulasne, L. R. C. (1863). *Seleta fungorum carpologia.* 2: 1-319.

Tulasne, L. R., e Tulasne, C. (1861). Cogumelos hipogéneos.

Tulasne, L. R., e Tulasne, C. (1862). Fungos subterrâneos.

Uzun, Y., Demirel, K., Kaya, A., e Gucin, F. (2010). Dois novos registos de géneros para a micota turca. Mycotaxon. 111(1): 477-480.

Van de Peer, Y., Chapelle, S., e De Wachter, R. (1996). Um mapa quantitativo das taxas de substituição de nucleotídeos no rRNA bacteriano. Nucleic Acids Research. 24:3381-3391.

Van de Peer, Y., Jansen, J., De Rijk, J. e De Wachter, R. (1997). Base de dados sobre a estrutura do ARN da subunidade ribossómica pequena. Nucleic Acids Research. 25:111-116.

Vaneechoutte, M., Rossau, R., Devos, P., Gillis, M., Janssens, D., Paepe, N., Derouck, A., Fiers, T., Claeys, G., e Kersters, K. (1992). Identificação rápida de bactérias nas Comamonadaceae com análise de restrição do ADN ribossómico amplificado. FEMS Microbiology Letters. 93:227-234.

Verma, N. K., e Rai, A. N. (2014). *Distocercospora indica,* um novo hifomiceto dematiáceo da Índia central. Mycotaxon. 127: 97101.

Verma, R.K., e Kamal (1999). Algumas espécies novas e novas combinações de *Pseudocercospora* da Índia. Indian Phytopathology. 44: 440-447.

Von Arx, W.S. (1957). Uma abordagem experimental de problemas em oceanografia física. Physics and Chemistry of the Earth. 2: 1-29.

Wagner, T., e Ryvarden, L. (2002). Filogenia e taxonomia do género

Phylloporia (Hymenochaetales). Mycological progress. 1(1): 105-116.

- **Walker, W. F., e Doolittle, W. F. (1982).** Redividindo os basidiomicetos com base em sequências de rRNA 5S. Nature. 299:723724.

- **Walting, R., e Gregory, N.M. (1980).** Fungos maiores da Caxemira. Nova Hedwigia. 32: 494- 564.

- **Wang, J., e Lee, E. T. (2003).** Statistical methods for survival data analysis (Vol. 476). John Wiley and Sons.

- **Watling, R., e Abraham, S.P. (1992).** Ectomycorrhizal fungi of Kashmir forests. Mycorrhiza. 2: 81-87.

- **Weising, K., Nybom, H., Wolff, K., e Meyer, W. (1995).** DNA fingerprinting in plants and fungi. CRC Press, Inc., Boca Raton, Fla.

- **White, T., Bruns, T., Lee, S., e Taylor, J. (1990).** Amplificação e sequenciação direta de genes de ARN ribossómico de fungos para filogenética, protocolos de PCR. Academic Press, Inc., Nova Iorque.

- **Yang, X., Richardson, P. A., Olson, H. A., e Hong, C. X. (2016).** Podridão da raiz e do caule da begónia causada por *Phytopythium helicoides* na Virgínia. Jornal Europeu de Patologia Vegetal.146(4):715-727

- **Zhao, H. H., Xing, H. H., Liang, C., Yang, X. Y., Cho, S. E., e Shin, H. D. (2016).** Primeiro relatório de oídio causado por *Erysiphe cruciferarum* em repolho chinês na China. Plant Disease. 100(4):85

Printed by Books on Demand GmbH, Norderstedt / Germany